소아과 의사는
자기 아이에게
약을 먹이지 않는다

저는 돈을 전혀 벌지 못하는 소아과 의사입니다.

왜냐하면 진찰실에서 부모와 길게 이야기를 나누기 때문입니다.

「해열제는 쓰지 않는 게 좋아요」
「오히려 열이 오래갈 때가 있어요」

등등, 처방 이유를 포함해서 말씀을 드리곤 합니다.

보통 검사에서 독감 양성 반응이 나오면 독감 약을

처방하는 것으로 진료가 끝납니다. 하지만 제 진료는 간단하지 않습니다. "자제분 나이라면 흡입하는 약을 처방할 수 있습니다. 그런데 흡입하는 약은 기술이 필요합니다. 제대로 흡입이 가능한지 확인할 수 있는 기구가 있습니다. 일단 연습해 보시겠습니까?"라는 식으로 처방이 시작되면 진료가 길어집니다. 대화가 길어집니다. 약에 대한 부작용도 확실히 설명하다 보니 진료 시간이 길어질 수밖에 없습니다.

예방 접종 같은 경우에도 부모가 납득을 해야 접종을 합니다. 접종 후 생길 수 있는 반응에 대해 자세히 이야기하고, 어린아이의 경우에는 독감 백신에 대해 더욱 자세히 이야기합니다. 독감 백신은 '효과가 있으면 다행'이어서 좀 더 세심하게 다루어야 합니다.

따라서 부수적으로 생길 수 있는 반응에 대해 자세히 이야기하고 「어린 아이의 경우에 독감 백신은 "효과가 있으면 다행"이에요」라는 이야기도 합니다.

제 이야기를 귀담아들은 부모들 중에는 맞지 않는 게 좋을 것 같다며 접종을 하지 않는 경우도 많습니다. 비즈니스적인 입장에서 보면 시간만 들고, 금전적인 입장에서 보면 손해만 보는 일입니다.

저는 평소에 전자진료기록부를 사용하여 진료합니다. 전자진료기록부는 블라인드 터치 방식이라서 문자 입력이 불가능합니다. 그래서 진찰 중에는 환자를 보면서 환자의 이야기를 듣고, 입력은 나중에 하는 경우가 많습니다. 이때도 시간이 많이 걸립니다.

저는 사람들이 한 달에 한 번 정도는 길을 물어볼 만큼 편안한 인상을 가지고 있습니다. 그 때문인지 진찰실에서 환자의 부모님이 "이번 증상과는 상관없지만 뭐 하나 물어 봐도 될까요?", "얘가 아니라 애 형 말인데요"라고 상담을 하실 때도 종종 있습니다,

저는 대부분 이익을 생각하지 않고, 환자들과 가족분

들에게 도움이 될 수 있도록 성심성의껏 진찰해드립니다. 상담을 많이 해도 이익을 바라지 않기 때문에 사업주로서는 전혀 돈을 벌지 못합니다. 그럼에도 약에 대한 이해를 돕거나, 예방 접종에 대한 고민을 해결해 드리려고 합니다. 제 상담을 깊이 들은 어머니들은 이렇게 말합니다.

「열 내리는 약(해열제)에 대해 이렇게까지 자세히 들은 건 처음이에요」
「예방 접종을 어떻게 하면 좋을지 고민 중이었는데 이번에 확실히 이해했습니다」

어떠한 사업적인 이유보다 제 상담을 듣고 지혜를 얻고 기뻐하시는 분들이 제게는 더 큰 힘을 줍니다. 저는 수지 타산에는 약한 것 같습니다.

진정한 소아과 의사, 우리 아이들에게 좋은 것만 주

고 싶은 의사는 전국에 많습니다. 특히 소아과 의료는 어른을 상대로 하는 진찰에 비해 귀찮은 일이 산더미처럼 쌓여 있습니다. 그럼에도 좋은 소아과 의사들은 그 귀찮은 일을 마다하지 않고 연구를 거듭해 오고 있습니다. 반면에 유감스러운 의사들도 있습니다.

- 본인의 이익만 생각하는 의사.
- 간판 일부에 「소아과」라고 내걸고 있으면서도 소아의료 지식과 경험이 적은 의사.
- 인간적으로도 이상한 의사.
- 자기 생각이 절대적이라고 생각하며 그것을 환자에게 강요하는 의사.

이런 의사들이 있는 것도 사실입니다. 저는 무엇보다 소중한 우리 아이들을 지키기 위해 '의사와 의료 기관, 진찰 시기, 아이에게 먹일 약을 부모들이 현명하게 선택했으면 좋겠다'는 바람으로 이 책을 썼습니다. 현대 사회에서 개인의 가치관은 다양해지고, 우리가 매일 접하는 정보량도 방대해졌습니다. 부모들이 아이들 진료에 있어 최선의 선택, 최선의 치료 시점을 현명하게 판단할 수 있도록, 저를 포함한 우리 의사들이 실제 생각하는 것부터 제 속사정까지 모두 이 책에 썼습니다.

솔직히 백신 이야기는 일개 소아과 의사가 다루기에는 상당히 말하기 어려운 내용이 있습니다. 또 일반에 공개하고 싶지 않은 내용도 많이 있습니다. 그럼에도 꼭 말하고 싶었습니다. 다소 과장된 표현일지 몰라도 이 나라에 행복한 가정과 튼튼하게 자라나는 어린이들이 지금보다 더 많아졌으면 좋겠다는 바람으로 이 책을 내놓을 결심을 하게 되었습니다.

모든 아이는 원래 열이 나는 법입니다. 열이 나면서 병원체 하나하나와 싸우고, 면역력을 키우는 겁니다. 우리 아이들이 건강하게 자랄 수 있도록 부모가 강력하고 현명한 지원자가 되어 주시기 바랍니다. 어머니와 아버지는 아이의 대변인이자 대리인입니다. 더불어 아이의 인생에 지대한 영향을 끼치는 존재입니다. 그야말로 책임이 막중합니다. 그러나 너무 걱정할 필요는 없습니다. 부모가 아이를 소중히 여기는 마음만 갖고 있다면 아이는 부모를 사랑할 것이고, 어떤 경우라도 크게 길을 잘못 드는 일은 없을 겁니다.

아이를 키운다는 것은 대단히 어려운 일입니다. 부모들이 가능한 한 멀리 돌아가지 말고 아이의 건강을 제대로 지원하기를 바라는 마음, 의료 기관을 명민한 눈으로 선택함으로써 아이는 물론, 스스로의 건강도 지켰으면 하는 마음, 그런 마음으로 꼭 알아 두었으면 하는 것을 이 책에 담았습니다. 육아의 최전선에서는 물러났지만 그 고민과 괴로움, 기쁨을 모두 맛본 한 사람의 엄마로서, 또 한 사람의 소아과 의사로서 경험한 사실을 바탕으로 실질적인 조언을 담았습니다.

오늘도 우리 아이들을 위해 열심히 사는 모든 분들
께 이 책이 조금이라도 도움이 되길 바랍니다.

도리우미 소아과 원장

도리우미 가요코 鳥海佳代子

차례

4장 어쩔 수 없이 의사를 만나야 할 때 주의할 점

5장 백신은 어디까지나 「효과가 있으면 다행」

6장 아이를 믿고 지킬 수 있는 부모가 되자

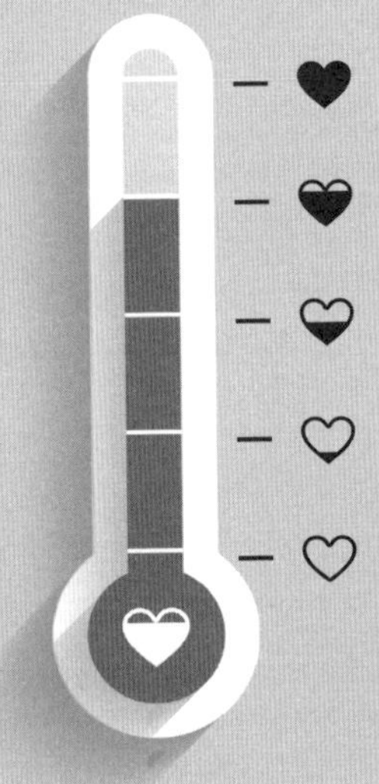

1장

그 약,
정말
필요합니까?

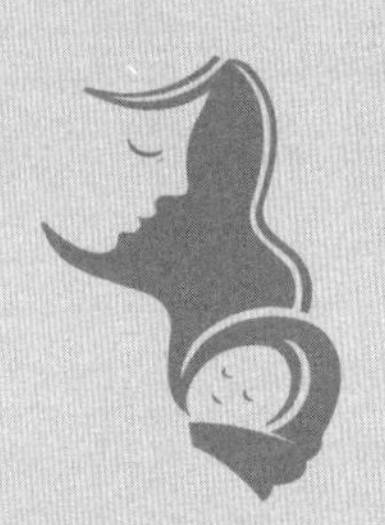

내가 환자 어머니라면
약의 90%는 버린다

저와 남편은 소아과 전문의입니다. 우리 부부에게는 쌍둥이가 있는데, 아이들 약은 주로 남편이 처방합니다. (병원을 열고 개업의가 된 후에도 의사국민건강보험조합医師国民健康保険組合에 가입하지 않았기 때문에 우리 가족의 처방도 할 수 있습니다) 남편은 우리 아이를 위한다는 생각으로 약을 처방하여 조제약국에서 허겁지겁 약을 받아 집에 옵니다. 그러나 저는 그 약의 90%를 버렸습니다.

왜냐하면 같은 소아과 의사라도, 같은 대학병원 소아과에서 연수를 받았어도, 의사에 따라 미세하게 방침이 다르기 때문입니다.

다른 의사들도 대부분 마찬가지입니다. 각 상황에 따른 일반적인 치료법과 의료 방침이 있고, 보통 의사라면 거기에 근거해서 진료합니다. 그러나 치료에 대한 세세한 계획이나 방법은 의사에 따라 미묘한 차이가 있습니다.

큰 병원은 각 과마다 컨퍼런스라 해서 입원 환자의 검사나 치료 방침에 대해 논의하는 회의가 있습니다. 컨퍼런스를 통해 치료에 대한 중요한 방향성이 정해집니다. 방향성이 정해져도 세부 사항, 가령 회복기에 들어간 입원 환자가 수액 주사를 다 맞고 나서 며칠 후에 퇴원해도 되는지 등은 주치의에 따라 약간 다를 수 있습니다. 외래 진료는 어느 약을 어떻게 처방할지, 한 번 더 진찰할 필요가 있다면 며칠 후에 오라고 할지에 대한 세부적인 내용이 의사에 따라 조금 다릅니다. 남편이 아이에게 필요하다고 생각해서 처방한 내복약이라 할지라도 어머니인 제가 "이건 필요 없을 거야. 이것도 안 먹여도 될 것 같은데"라며 거침없이 처방약을 버리는 게 이상한 일이 아닙니다.

우리 부부는 맞벌이로, 남편 병원에 맞춰 이사를 반복했습니다. 병원을 옮길 때마다 간신히 아이들을 보육원에 넣을 수 있었습니다. 우리 집 쌍둥이들은 생후 11개월부터 모두 네 군데의 보육원을 경험했습니다.

보육원에서 집단생활을 하다 보니 병에 쉽게 노출되었습니다. 수차례 열이 나고, 중이염이나 폐렴에 걸린 적도 있습니다. 심지어 천식 발작을 일으키거나 독감에 걸리기도 했으며, 구토와 설사도 했습니다. 다른 아이들에게 강력한 바이러스(노로 바이러스로 추정)를 옮아 와서, 저까지 구토와 설사로 고생한 적도 있습니다. 제가 하고 싶은 이야기는 부모가 소아과 의사라도 곧장 진찰을 받아 약을 처방받을 수 있다는 것 외에는 집단생활을 통해 감염증에 노출되는 건 똑같다는 사실입니다.

저처럼 아이에게 되도록 약을 쓰고 싶지 않은 어머니들은 전문가가 아니라도 올바른 판단을 내려 좋은 생각을 할 수 있다면 아이에게 쓰는 약을 훨씬 더 줄일 수 있습니다. 물론 아이가 걸리는 감염증은 하나가 아니고, 아이의 체질이나 면역 상태도 상황마다 다릅니다. 만성 질환에 걸려서 부모 생각과는 다르게 장기간 약이 필요한 경우도 있습니다. 그러나 의료 기관과 의사를 현명하게 선택하고 상황에 따라 적절한 임기응변을 발휘한다면 아이에게 최소한의 약을 쓰면서 아이 건강을 지킬 수 있습니다.

그럼 실제로 저는 어떤 약을 거침없이 버렸을까요?

가장 많이 버린 약은 진해거담제 계열(기침을 가라앉히고 가래를 내보내기 쉽게 하는 약)입니다. 그 다음은 항생제 계열(세균을 퇴치하기 위한 약)입니다. 바르는 약은 개봉하지 않으면 용기에 기재된 기한까지 사용할 수 있으므로 버리지 않고 보관해 두었습니다.

그럼 이제부터,
「아이에게 처방되는 약의 90%는 왜 실제로 필요 없었던 것일까?」
「어떻게 하면 아이를 현명하게 진찰받도록 할 수 있을까?」

에 대해 설명하도록 하겠습니다.

　정보를 잘 수집한 분, 아이를 키운 경험이 풍부한 분들은 이미 아시는 내용이 있을 수도 있습니다. 그러나 지금까지 몰랐던 사실을 알게 되는 부분도 반드시 있을 테니 끝까지 읽어 주시기 바랍니다.

 많이 버린 소아과 처방약은 기침을 가라앉히는 약, 가래를 배출하기 쉽게 하는 약, 그리고 항생제입니다

감기는
약으로 낫지 않는다!

흔히 감기라고 부르는 '감기 증후군'은 잡탕 같은 병명입니다. 정의를 내리자면 상기도上気道(코, 인후, 후두)에 급성염증을 일으키는 질환의 총칭입니다. 최근에는 상기도뿐만 아니라 하기도下気道(기관, 기관지, 폐)로까지 확대되어 급성염증을 일으키는 경우도 포함될 때가 있습니다.

잡탕 같은 병명이라고 하는 이유는 원인이 무엇이든(바이러스? 세균?), 염증을 일으킨 부위가 어디든(코뿐일까? 기관지도 수상한데?), 기도에 염증이 생기고 기침이나 콧물, 목의 통증과 발열과 같은 증상이 있다면 바로 붙여버리는 병명이기 때문입니다.

감기 증후군의 원인이 되는 미생물은 80-90%가 바이러스입니다. 즉, 감기 증상이 나타났을 때 항생제를 복용해봤자 거의 의미가 없습니다.

바이러스를 퇴치하기 위한 약은 대단히 적은 편이라, 특정 바이러스를 퇴치하기 위한 것밖에 없습니다(독감 바이러스 약이나 단순 헤르페스 바이러스 약, 수두 바이러스 약 등). 보통 감기 증상을 일으키는 바이러스를 자세히 분류하면 100종류 이상인데, 아직까지 바이러스 자체를 해치우는 약은 없습니다.

그럼 감기에 걸렸을 때 의료 기관은 어떤 약을 처방할까요?

기침을 가라앉히는 약, 가래를 뱉어내기 쉽게 하는 약, 점막의 회복을 촉진하는 약, 기관지를 확장시키는 약 등이 대표적입니다. 그밖에 콧물을 억제하는 약, 민감한 기관지를 진정시키는 알레르기 약, 별 의미는 없지만 혹시나 하는 마음에 처방하는 항생제가 있습니다.

여기서 중요한 사항은 일반적인 바이러스 때문에 걸리는 감기는 약으로 낫게 할 수 없다는 점입니다. 약이 바이러스를 퇴치하는 게 아니라, 환자의 면역력이 바이러스를 공격하여 몸에서 내보냅니다. 가래를 배출하기 쉽게 돕는 약이나, 기관지를 확장시키는 약은 어디까지나 그 공격을 돕거나 증상을 완화시킬 뿐입니다.

저는 다음과 같은 생각에서 우리 아이에게 처방된 약 대부분을 버렸습니다.

- **감기 증상의 대부분은 바이러스가 원인이다.**

  → 세균을 퇴치하기 위한 항생제는 먹여도 의미가 없다.

- **일반적인 바이러스성 병은 면역의 힘으로 치료하는 법. 약은 도우미 역할을 한다.**

  → 증상이 심하지 않으면 약은 쓰지 않는다.

감기 증후군에 걸렸을 때뿐만 아니라, 설사나 구토처럼 배와 관련된 증상을 보일 때, 급성 위장염에 걸렸을 때도 마찬가지라고 할 수 있습니다.

급성 위장염 역시 주로 바이러스가 원인입니다. 급성 위장염을 일으키는 로타 바이러스나 노로 바이러스, 그 밖의 다른 바이러스를 직접 퇴치하는 약은 없습니다. 그리고 감염성 급성 위장염에 걸렸을 때 '설사를 멈춰서는 안 된다'는 사실도 이제 서서히 세상에 알려지게 되었습니다. 뱃속에서 바이러스나 세균이 증식하고 있을 때, 설사를 멈추는 센 약을 사용하면 병원체가 몸 밖으로 나가지 못합니다. 그래서 무턱대고 설사를 멈춰서는 안 됩니다.

바이러스가 원인으로 추정되는 급성 위장염에 걸렸을 때 처방되는 대표적인 약은 정장제整腸劑와 구토 억제제입니다. 정장제는 비피더스균과 같은 소위 착한 균이 주요 성분입니다. 이것 역시 몸이 스스로 바이러스와 싸워 퇴치하는 데 약간 도움을 줄 뿐입니다. 먹든 먹지 않든, 별 차이는 없습니다. 구토 억제제는 어린이의 경우 좌약으로 처방되는 경우가 많습니다. 다소 센 약이라, 의사 입장에서도 구토가 심한 경우에만 조심스럽게 처방합니다. 구토가 계속되어 수분을 섭취하지 못하면 탈수 증상이 일어나고, 경우에 따라서는 수

액 주사나 입원이 필요합니다. 웬만하면 그것을 피하
고자 하는 의미에서 처방을 합니다. 이러한 이유로 급
성 위장염에 대처하는 우리 집의 패턴은 다음과 같았
습니다.

- **급성 위장염의 원인도 대부분이 바이러스다.**
  → 세균성 위장염이 의심되지 않는 한 약을 처방하지 않는다.
- **설사를 억제하는 것은 좋지 않다.**
  → 확실히 바이러스가 원인이고 증상이 심할 때 단기간만 약을
  먹는다.
- **정장제는 보조적인 것으로 별로 의미가 없다.**
  → 거의 먹인 적이 없다.

단, 감기 증후군이든 급성 위장염이든 상태를 주의해
서 관찰할 필요는 있습니다. 증상이 악화되어 발열이
계속되는 경우도 있고, 항생제가 유효할 때도 있기 때
문입니다. 탈수 현상이 일어나 수액 주사가 필요해질
수도 있습니다. 특히 영유아는 체력이 약하고 면역력도
충분하지 않아, 적절한 시기에 진찰을 받고 현명하게

약을 사용해야 합니다. 그러나 '반드시 필요한 약은 많지 않다'는 사실을 염두에 두시기 바랍니다.

 감기나 위장염의 원인은 대부분 바이러스. 그 바이러스를 직접 해치우는 약은 없습니다

종합 감기약의 달콤한 덫

앞에서 감기는 약으로 낫지 않는다고 이야기했습니다. 그렇다면 겨울철마다 TV 광고에서 볼 수 있는 종합 감기약은 도대체 어떤 것일까요? 미리 말씀드리지만, 종합 감기약도 감기를 치료할 수는 없습니다. 광고에서는 "효과가 있었네"라고 말하지 "빨리 낫는다"고 말하지는 않습니다.

종합 감기약도 어디까지나 증상을 완화시키기 위한 것입니다. 설명서(첨부 문서)의 효용·효능 부분에는 「감기 제증상의 완화」라고 적혀 있을 겁니다. 종합 감기약에는 성인용과 어린이용이 있습니다. 저는 소아과 의사여서 성인에게는 일 때문에 도저히 쉴 수 없는 시기라면 본인이 판단해서 드시라고 말하지만, 어린이는 시판 중인 종합 감기약을 먹지 않았으면 합니다. 거듭 말하지만 종합 감기약은 감기 자체를 낫게 하지 않고, 처방약과 달리 다수의 약 성분이 포함되어 있기 때문입니다.

소아과를 풀어서 말하자면 「소아 내과」라는 의미입니다. 성인 내과처럼 수술이나 큰 처치를 하진 않지만, 환자 증상에 대해 자세히 듣고 거기에 맞춘 세심한 처방과 검사를 하는 것이 주요 업무입니다. 소아과에서 사용하는 약의 종류는 많지 않습니다. 그때그때 아이의 증상이나 의심되는 병에 맞춰 세심하게 처방을 합니다.

한편 종합 감기약에는 기침에 대응하는 약 성분, 콧물에 대응하는 약 성분, 열에 대응하는 약 성분이 들어 있고, 게다가 약의 부작용을 억제하기 위한 성분, 졸음을 방지하는 성분까지 포함되어 있습니다. 아이가 가벼운 기침을 한다고 시판되는 종합 감기약을 먹이면 필요 없는 약 성분까지 체내로 들어가게 됩니다.

시판 중인 약은 왕왕 산탄총에 비유됩니다. 작은 총알들이 날아오는 이미지를 떠올려 보세요. 마구 발사되고 있습니다. 시판되는 약은 마구 총을 쏴놓고 하나만 맞으면 된다는 식입니다. 환자 입장에서는 불필요한 총알까지 맞아야 합니다. 종합 감기약에는 불필요한 성분이 많이 들어 있지만, 어린이용 종합 감기약은 꽤 맛있는 게 사실입니다. 실제로 "우리 애는 병원에서 처방되는 약은 안 먹지만, 약국에서 파는 종합 감기약 시럽은 먹거든요"라고 말씀하는 어머님들이 있습니다. 하지만 생각해 보시길 바랍니다. 기본적으로 감기는 환자 스스로의 면역력으로 치료하는 병입니다. 약은 증상을 약간 완화시킬 뿐입니다. 아무리 맛있다 해도 종합 감기약을 복용하면 필요 없는 약 성분까지 먹어야 합니다.

「아이를 소아과에 데려가고 싶은데 시간이 안 나네」
「그래도 걱정은 되니까 만약을 위해 시판 중인 약이

라도 먹여 두자」

　이러한 생각이나 행동은 <u>의미가 없으니 하지 마시길 바랍니다.</u>

　아이의 증상이 의사한테 데려갈지 말지 망설여지는 수준일 때가 있습니다. 약간의 기침이나 콧물 정도라면 진찰을 받기보다는 집에서 상태를 지켜봐도 좋은 단계인 경우가 대부분입니다. 종합 감기약뿐만 아니라, 약을 먹일 단계도 아닙니다. 반대로 부모가 '일을 빨리 끝내고 의사에게 데려가야겠어'라고 생각할만한 수준으로, 기침이 심하거나 열이 계속되는 증상 등이 나타난다면 시판 중인 약을 먹이고 있을 때가 아니라, 의료 기관을 찾아 진찰을 받아야 하는 단계입니다. 증상별 진찰 시기에 대해서는 다음 장에서 자세히 소개하겠습니다.

 **종합 감기약은 필요 없는 성분도 포함된 '산탄총'이니 가급적 먹지 않도록 합시다**

보호자 눈치를 살펴서
처방할 때도 있다

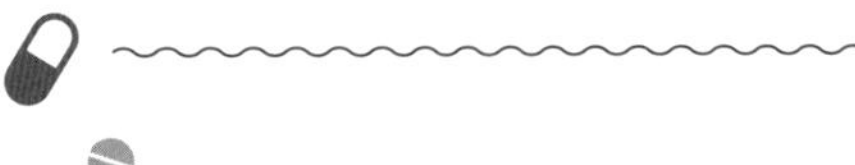

유감스럽게도 현대 사회는 "의술은 인술"이라는 말로 뭐든지 해결되는 사회가 아닙니다.

의료인 쪽에서 나온 말인지 환자 쪽에서 나온 말인지 모르지만, 최근에는 "의료도 서비스업"이라는 개념이 생겨났습니다. 의료인 입장에서도 서비스에 대해 생각하게 되었습니다. 의료 기관 역시 경영에 대해 생각하지 않을 수 없습니다. 개인 병원이든, 사립 병원이든, 공립 병원이든, 전부 마찬가지입니다.

공립 병원에서도 시민들이 내는 세금으로 적자를 보전하고 있어, 병원의 최고 경영진은 항상 경영 상태를 염두에 둡니다.

저는 중간 규모의 사립 병원에 근무한 적이 있습니다. 매달 한 번씩 열리는 원내 회의에서 원무과 주최로 각 과별 환자 수 보고와 전달 대비, 전년도 동월 대비 환자 수 발표, 매출 보고를 실시했습니다.

음식점은 창업 후 절반이 망한다고 합니다. 그 정도는 아니더라도 개인 병원도 경쟁이 치열한 도시에 개업하면 경우에는 입지 조건이나 경영 전략에 따라 운영이 어려워질 때가 있습니다.

개업의, 혹은 병원 경영에 관련된 위치에 있는 의사라면 경영에 대해 생각하지 않을 수 없습니다. 자신이 이상으로 삼는 의료와는 별개로, 진료 보수(매출)에 대해서도 비전이 있어야 합니다.

소아과 진찰을 받는 아이의 보호자는 소아과 의사의 선택을 존중해 주어야 합니다.

진찰을 하다 보면 종종 이런 경우가 있습니다. 아이가 감기 증상을 보이는데, 세균 감염은 의심되지 않아 항생제는 필요 없겠다고 생각했습니다. 그러나 아이의 보호자가 "연휴이기 때문에 오늘이 지나면 병원도 바로 갈 수 없으니, 항생제가 있으면 안심이 돼요. 처방해 주세요!"라고 하면 어떻게 해야 할까요? 혹은 "이 아이는 ○○항생제가 없으면 금방 상태가 나빠져요"라고 하시는 보호자도 있습니다. 내심 '그건 아닌 것 같은데'라고 생각이 들어도 약을 처방하지 않는 이유를 보호자에게 이해시키기 위해서는 시간과 노력이 필요합니다.

소아과 의사는 아무리 부모가 요청을 해도 아이에게 손해가 가는 처방이나 검사는 하지 않습니다. 그럼에도 당장은 필요 없지만, 지금까지 약에 의한 부작용이 없었던 것 같으니 어쩌면 효과가 좋을지도 모른다는 생각이 들면 부모의 요청에 따라 처방하는 경우가 있는 것도 사실입니다.

그래도 양심적인 소아과 의사는 부모에게 정중하고, 꾸준하게 말씀드립니다.

「사실 이런 경우에는 항생제 없이 상태를 지켜보는 게 좋습니다」

「먹지 않아도 되는 약은 안 먹는 게 좋아요」.

소아과는 진찰을 받는 연령이 한정되어 있어, 내과에 비해 환자의 교체가 빈번한 편입니다. 그런 상황 속에서도 부모에게 꾸준히 이야기를 해 온 한 소아과 의사는 개업한 지 수십 년이 지나고 나서야 그 지역 부모들의 이해를 얻을 수 있었다고 말했습니다. 제가 개업의로서 쌓아 온 경험은 그 선생님에 비하면 많이 부족합니다. 하지만 진찰실에서 제 이야기를 귀담아듣는 부모에게는 아이에게 이로운 약을 어떻게 사용하면 좋은지 조금씩이라도 말씀을 드리고 있습니다.

 **처방하지 않는 이유를 이해시키려면 시간과 노력이 필요합니다**

의사는 약을 처방하지 않으면 돈을 벌지 못한다

일본인은 세계에서 유례를 찾아볼 수 없을 만큼 약을 사랑합니다. 예를 들어 타미플루라는 독감 약의 약 75%가 일본에서 소비된다고 합니다. 특별하게 아프지 않아도 아주 가벼운 마음으로 의료 기관에 진찰을 받으러 가는 경향도 강합니다. 손쉽게 의료 기관을 찾아 진찰을 받을 수 있는 것은 국민개보험제도国民皆保険制度 때문입니다. 이 좋은 제도가 한편으로는 국민을 '약 애호가'로 만들고 말았습니다.

일본 국민 모두는 어떤 형태로든 의료보험에 가입해

있습니다. 수입에 따라 보험료를 지불하고, 보험진료 범위 안이라면 전국 어느 의료 기관에서도 동일한 요금으로 진찰을 받을 수 있습니다. 국민개보험제도는 대단히 멋지고, 세계적으로도 보기 드문 제도입니다.

그러나 「성과급제」라는 시스템으로 인해 귀찮은 일이 생겼습니다. 성과급제는 보험기관이 결정한 보험진료 점수에 따라 의료 기관이 실제로 행한 진료 행위에 대한 진료 보수에 해당하는 돈을 받게 하는 제도를 말합니다. 가령 목이 아픈 어른이 의료 기관을 찾아 진찰을 받고 용련균(용혈성 연쇄구군) 검사를 해서 음성으로 나왔지만 내복약을 처방받았다고 합시다. 그러면 초진료 ○점, 용련균 신속검사료 ○점, 처방료 ○점, 그것들을 합한 합계 점수×10엔(1점당 10엔)이 전체 진료 보수입니다. 그 중 30%(75세 이상 후기 고령자는 10%)를 환자가 창구에 지불합니다. 나머지 70%(75세 이상 후기 고령자는 90%)는 약 2개월 후 사회보험이나 국민건강보험 등에서 의료 기관에 지불하게 됩니다.

어린이의 경우에는 각 지차체가 「어린이 의료비 조

성 수급권」을 발행하고 있습니다. 초등학교 3학년까지는 의료 기관이나 조제약국의 외래진료 창구부담(창구에서 지불하는 돈)이 없습니다. 복지 예산 비중이 높은 지자체는 중학생까지 무료로 해주기도 합니다.

진료 보수 보험 점수는 아무리 실력이 좋은 명의가 진찰을 하고 처방을 내려도 전국이 동일합니다. 진료시간이 길어지는 특수한 질환일지라도 보험 점수는 똑같습니다. 아무리 환자에게 자세하게 설명하고, 친절하게 대해도 점수는 바뀌지 않습니다. 가령 초등학생 아이가 오랜만에 천식 발작을 일으켰다 칩시다. 그런데 보호자가 시간이 지나면 좋아질까 싶어 상태를 좀 보고 있었다며 진료 마감 시간 10분 전에 아이를 데리고 왔습니다. 그때부터 2시간에 걸쳐 수액 주사를 맞아, 병원에서는 간호사에게 잔업 수당을 지불해야 할 상황이 생겼습니다. 그럼에도 보험 점수는 똑같습니다. 변하지 않습니다.

의료 기관은 실제로 행한 의료 행위만큼만 돈을 받

을 수 있기 때문에, 이해득실만을 생각한다면 최대한 많은 검사를 해서 최대한 많은 약을 처방해야 돈을 벌 수 있습니다. 물론 의료보험제도가 도입된 이래로 지금까지 전혀 필요 없는 약을 처방한 의사가 대다수라고 생각하지는 않습니다. 다만, 의료 기관을 찾아가 진찰을 받기 쉬운 환경 속에서 '닭이 먼저냐 달걀이 먼저냐'의 문제와 같은 고민을 털어놓고 싶습니다.

「의사가 약을 지나치게 처방하는 것이 먼저일까?」
「환자가 약을 지나치게 요구하는 것이 먼저일까?」

무엇이 먼저인지는 알 수 없지만, 눈 깜짝할 사이에 모든 사람이 약을 사랑하는 나라가 되었습니다. 의사와의 만남이 단지 약을 처방받기 위한 수단으로 전락해 버렸습니다. 특히 중장년층은 약을 받지 못하면 '모처럼 왔는데 빈손으로 돌아가고 싶지 않아!'라고 생각하는 사람이 대부분일지 모릅니다.

최근에는 항생제 사용을 지양하고 있습니다. 항생제를 남용해서 약이 잘 듣지 않는 세균, 내성균이 출현하고 있기 때문입니다. 국가적 차원에서도 항생제를 적절히 사용할 것을 호소하고 있습니다. 세균도 생물이어서 항생제에 대항하기 위해 유전자를 변화시킵니다. 결과적으로 지금까지 사용해 온 항생제가 잘 듣지 않는 구조의 세균이 출현하게 됩니다. 이 세상에서 항생제의 반복적인 사용이 끊이지 않는 한, 내성균들도 계속 늘어날 것입니다. 이 책을 읽고 계신 여러분이라면, 본인의 경우든 아이의 경우든 증상이 가벼울 때는 "그 항생제는 먹는 게 좋은 건가요?"라고 의사에게 꼭 물어보셨으면 좋겠습니다.

 환자에게 아무리 친절하고 알기 쉽게 설명해도 수익은 같습니다

약은 정말 필요할 때만 쓰자!

"해열제는 수단으로 생각해 주세요."

제가 환자에게 약을 처방할 때 종종 드리는 말씀입니다. 해열제를 쓰면 빨리 낫는다는 것은 옛날부터 있어 온 착각입니다. 병원체와 싸우는 주체는 약이 아니라, 어디까지나 우리의 몸입니다. 항생제는 잘 어우러졌을 때 세균을 퇴치해 치료를 도와주는 역할을 하는 것이지, 일반적인 감기 바이러스를 직접 해치우는 약이 아닙니다. 우리 몸이 병원체와 싸우기 위해 일부러 열을 높이고 있는데, 해열제를 써서 무리하게 열을 내리면 치유(병원체 퇴치)가 되지 않습니다. 오히려 바이러스 감염과 같은 경우에는 해열제를 수차례 사용하면 치유 기간이 더 오래 걸린다(열이 있는 시간이 늘어난다)고 합니다.

열이 높아서 해열제를 쓴다면 4시간 후나 5시간 후에 다시 열이 오릅니다. 오히려 해열제를 반복해서 쓰면 열이 나는 기간이 길어집니다. 해열제는 되도록이면 쓰지 않는 게 좋습니다. 단, 밤에 열이 나고 아이의 상태가 좋지 않아 잠을 이루지 못할 때, 아이의 체력에 회복이 필요할 때는 의미 있는 '수단'이 될 수 있습니다.

주의해야 할 점이 있습니다. 해열제를 사용하고 4시간에서 5시간 정도 지나면 약 효과가 떨어집니다. 체내에서 병원체와 아직 싸우는 중이라면 당연히 다시 열이 오릅니다. 열이 도졌다고 당황하지 마시고. 병원체와의 싸움이 아직 끝나지 않았다고 생각하면 됩니다. 독감에 걸려서, 열이 만만치 않게 날 때는 해열제를 써도 체온이 내려가지 않는 경우가 있습니다. 좌약 해열제를 썼음에도 39℃가 37.8℃로 내려가는 데 그치는 환자도 있었습니다. 그런 상황에 처해 있어도 '이번에는 싸움이 격렬하네'라고 생각하시고 지나치게 걱정할 필요는 없습니다.

부작용이 없는 약은 존재하지 않습니다. 효과가 좋은 약은 부작용에 더욱 주의해야 하고, 먹으나 안 먹으나 별 차이가 없는 약은 부작용을 별로 신경 쓰지 않아도 됩니다. 가령 스테로이드(부신피질 호르몬) 외용제, 즉 바르는 스테로이드 약은 피부 염증을 억제하는 데 대단히 효과가 좋습니다. 그러나 적절히 사용해야 합니다. 피부가 약한 부분에 오랫동안 스테로이드 외용제를 사용하면 피부가 얇아지는 부작용이 생깁니다. 반면에 염증을 억제하는 바르는 비스테로이드 약은, 즉시 효과가 나는 느낌도 없고 효과가 있는지 없는지도 알 수 없습니다. 하지만 스테로이드제처럼 부작용에 신경 쓰지 않아도 됩니다.

실제로 우리 집 아이(당시1세) 얼굴에 습진이 생겼습니다. 처음으로 중등도 정도의 스테로이드 외용제를 발라봤습니다. 하루 만에 붉은 기가 싹 나아 약의 뛰어난

효능에 새삼 놀랐던 적이 있습니다. 동시에 정말 필요할 때가 아니면 사용하고 싶지 않다는 생각도 들었습니다.

새롭게 개발되어 출시된 약은 기존 약에 비해 효과가 오래 지속되거나 특정 부작용이 줄어드는 등 당연히 개선된 점이 있을 겁니다. 그러나 개선된 만큼 부작용이 숨어 있을 가능성도 있습니다. 매달 수많은 약의 설명서가 개정되고 있습니다. 부작용에 대한 내용이 변경되거나 첨가되고 있습니다. 약은 사람의 몸과 생명에 관련된 것이기에, 엄격한 확인 과정을 거쳐야 합니다. 작은 부작용이라도 있다면 설명서를 개정하여 알리는 게 당연한 조치입니다. 그러나 매달 배송되는 설명서 개정 정보를 읽다 보면(하지만 그 양이 너무 많아서 제 진료에 관련된 약만 확인하고 있습니다) 약은 부작용이 있는 게 당연하고, 저나 제 가족에게는 최소로 필요한 약만 쓰고 싶다는 생각이 절실해집니다.

꼭 약이 필요한 사람이나 상황이 있을 수 있습니다.

그런 상황에 놓였을 때 기억해야 합니다. 모든 약은 양날의 검과 같습니다. 사용하지 않아도 된다면, 사용하지 않는 것이 제일 좋습니다. 만일 약이 필요한 상황이면, 되도록 최소한만 쓰는 게 바람직합니다.

유감스럽게도 일본인은 어느새 '약 애호가'가 되어버렸습니다. 의료를 대하는 자세도 '의사는 약을 처방해야 의미가 있다'는 쪽으로 기울어져 버렸습니다. 그러니 아무 생각 없이 진찰을 받다 보면, 우리들의 소중한 아이가 필요 없는 약을 많이 먹게 될지 모릅니다.

약을 사용하지 않아도 된다면 사용하지 마세요. 사용할 때도 필요한 약만 최소한으로 사용하는 것이 좋습니다

2장

아이가
열이 나는 것은
좋은 일

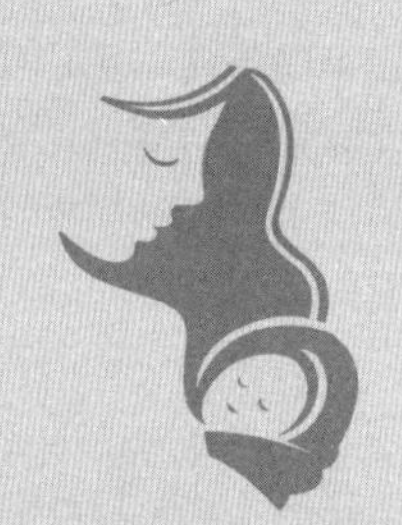

생후 6개월이 지나면 당장 진찰받을 필요는 없다!

어린이라면 누구나 열이 납니다. 사람이라면 누구나 나이를 먹을수록 관계의 폭이 넓어집니다. 처음에는 어머니와 아버지, 친인척들하고만 어울리지만, 점점 더 만나는 사람이 늘어납니다. 외출하는 장소가 다양해지고 활동범위도 넓어집니다. 집단생활을 해야 하는 보육원이나 유치원, 학교에 가게 됩니다. 그런 과정을 겪으면서 좋든 싫든 다양한 바이러스와 세균을 만나게 됩니다. 그리고 체내에 들어 간 병원체와 싸움이 시작되면 몸은 열을 내기 시작합니다.

중종 어머니들은 첫아이가 열이 나면 너무 무섭다고 말하시곤 합니다. 하지만 열을 지나치게 두려워하거나 눈엣가시로 여기는 것은 좋지 않습니다. 열을 내는 것은 몸을 지키기 위한 중요한 작용 중 하나일 뿐입니다.

병원체가 체내로 들어가면 우리 몸의 뇌에 있는 체온 조절 중추라는 곳에서 그 사실을 알아챕니다. 그리고 뇌는 체온을 올리라고 지령을 내립니다. 병원체와의 싸움에서 유리한 고지를 차지하기 위해 일부러 체온을 올립니다. 열이 올라가면 면역 기능이 활발해지고, 바이러스가 체내에 번지기가 어려워집니다. 인간의 몸은 지혜롭게 잘 만들어져 있습니다.

열은 몸이 병원체와 싸우고 있다는 신호이기도 하고, 몸이 열심히 제 기능을 발휘하는 상황을 나타내는 것이기도 합니다. 병원체와 처음 싸울 때(첫 감염 때)는 증상이 심한 경우가 있습니다. 고열이 오래 지속되거나 기침이나 설사처럼 발열 이외의 증상이 나타나기도 합니다. 하지만 몸에는 한 번 싸운 상대(병원체)를 기억하는 면역력이 있기 때문에, 다음번에 같은 상대를 만나도(재감염 됐을 때) 신속하게 대응해서 싸움을 유리하게 진행할 수 있습니다. 유리하게 싸움을 진행할 수 있다면 가벼운 증상에 그칠 수 있습니다. 만약 아이가 열을 내면서 병원체와 싸우다가 승리를 거둬 몸이 회복되면, 비로소 면역력이 '저금'되었다고 할 수 있습니다. 아이는 좀 더 튼튼해지는 것입니다.

첫 발열 증상은 대부분의 아이들이 한 번씩 걸리는 '돌발성 발진증'일 때가 종종 있습니다. 돌발성 발열증은 HHV-6와 HHV-7이라는 바이러스로 인한 감염증입니다. 38.5℃ 이상의 고열이 3-4일 지속될 뿐만 아니라, 40℃까지 열이 나서 부모를 크게 걱정시키는 병입니다. 그러나 열이 37℃대로 내려가고 몸의 중심부(얼굴, 팔, 배, 등)에 붉은 발진이 나타나기 시작하면 고비를 넘겼다고 할 수 있습니다. 웬만해서는 합병증이 없습니다.

생후 6개월이 지난 아이가 38.5℃ 이상 열이 나도,

소아과 의사가 보기에는 자연스러운 일로 파악합니다. 어른에게 38~39℃는 몸이 휘청거릴 정도의 고열이라서, 첫아이가 열이 나면 허겁지겁 응급실을 찾는 사람도 많습니다. 그런데 의사는 독감처럼 고열을 동반하는 감염증이 유행하는 시기가 아니라면 크게 염려하지 않습니다. "열이 난 게 처음이에요?", "그럼 돌발성 발진증일 가능성도 있네요."라고 무덤덤하게 진찰을 합니다.

저도 돌발성 발진증이라 판단이 되면, 부모에게 "다행이네요. 면역력이 좀 더 높아졌어요."라고 말씀드립니다. 부모 입장에서는 혹시 큰 병이면 어쩌나 싶어 응급실까지 진찰을 받으러 왔는데 너무 쉽게 진찰이 끝나서 맥이 빠졌다는 이야기도 합니다.

「생후 6개월 이상」
「증상은 오로지 열(이구나 이제 열이 나기 시작)」
「컨디션이나 수유 상태는 평소와 별반 다르지 않음」

의료인 입장에서 솔직히 말하자면, 이런 경우에는 병원 응급실이나 야간 휴일진료소까지 가서 진찰을 받지 않았으면 합니다. 한밤중에 굳이 차를 끌고 진찰을 받으러 갈 필요가 없습니다.

예외는 있습니다. 유아기 초기일 경우에는 이야기가 다릅니다. 특히 생후 3개월 미만의 아기가 열이 나면 중증 감염증일 가능성이 높습니다. 서둘러 진찰을 받을 필요가 있습니다. 생후 3-4개월 아기의 발열도 주의 깊은 관찰이 필요합니다. 생후 5개월은 뭐라 말하기 어려운 애매한 시기입니다. 그리고 아기가 생후 6개월이 넘어가면(그밖에 심각한 증상이 없고, 컨디션이나 수유 상태가 그대로 유지되고 있다면) 소아과 의사 입장에서는 하루 이틀 정도 열이 난다 해도 예민하게 반응하지 않습니다.

빠른 진찰이 필요한 상태를 아래와 같이 정리해 두겠습니다.

- 생후 4개월 미만인 아이가 열이 난다.

- 힘이 없다. 축 늘어져 있다. 안색이나 입술색이 안 좋다.

- 가슴에서 쌕쌕 소리가 나는 등 호흡이 힘들어 보인다.

- 복통이 심하다. 두통이 심하다.

- 수분을 섭취하지 못한다. 소변량이 적다.

- 처음으로 경련을 일으켰다.

- 의식이 또렷하지 않다.

아이가 이런 상태일 때는 서둘러 조치를 취하거나 검사를 실시해야 합니다. 심한 경우에는 입원을 해서 경과를 관찰해야 할 수도 있습니다. 기억해 두시길 바랍니다.

발열은 몸이 병원체와 싸우고 있다는 신호이니 아이가 생후 6개월 이상 되었다면 열이 나더라도 당황하지 마세요

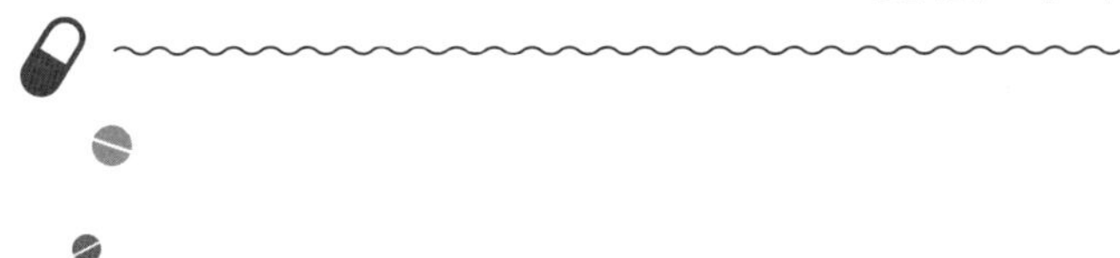

〈증상별〉 꼭 필요한 진찰 시기

시급한 건 아니지만, 진료 시간이 끝나기 전에 일찌감치 의료 기관을 찾아 진찰받아야 하는 상태를 정리하겠습니다(중복되는 부분도 있습니다).

▶ 열이 있을 때

- 생후 6개월 미만인 아이다.

- 열이 3-4일 이상 지속되고 있다.

- 계속 수분을 섭취하지 못한다.

- 소변 횟수나 양이 줄어들었다.

- 힘이 없어졌다. 축 늘어져 있다.

• 열 이외의 증상(기침이나 설사)이 심해졌다.

특히 생후 3개월 미만의 아기에게 열이 발생하면 심각한 감염증일 가능성이 높아 신속하게 진찰을 받을 필요가 있습니다. 응급실 방문도 고려해 주셔야 합니다. 또 생후 6개월 미만이라도 아직 체력이 약하고 면역력도 부족하기 때문에, 「내과 소아과」 간판이 있는 병원이 아니라 소아과 전문의가 있는 의료 기관을 찾아 진찰을 받아야 합니다.(이 점은 4장에서 자세히 소개하겠습니다).

대부분 일반적인 감기 증후군에 걸렸을 때는 1-3일 정도면 열이 내려갑니다. 그러나 열이 나는 기간이 길어지면, 체력이 떨어져 탈수 상태에 빠질 수 있으므로 전신 상태도 확인해야 합니다. 심각한 감염증에 걸렸을 가능성도 열어두어야 합니다.

열이 발생하면 수분 섭취가 중요합니다. 몸에 열이 있을 때는 평소에 비해 필요한 수분량이 10-20% 늘어납니다. 식욕도 떨어지므로 수분 섭취에 더욱더 신경써야 합니다. 탈수 현상을 나타내는 신호는 소변 상태를 보면 알 수 있습니다. 소변 횟수와 양이 확실히 줄어들거나, 계속 짙은 색 소변이 나오면 탈수증일 수도 있습니다. 상황에 따라 진찰을 받고 수액 주사를 맞을 필요가 있습니다.

▶ 기침이 날 때

- 평소와 다른 기침을 한다(개 짖는 소리와 같은 기침 등).

- 밤에 자다 깰 만큼 기침이 심하다.

- 구토할 정도의 심한 기침이 난다.

- 기침이 심해서 우유나 젖을 먹기 힘들다.

- 안색이 나쁘다. 입술색이 나쁘다.

- 가슴에서 쌕쌕, 휘휘, 가랑가랑한 숨소리가 난다.

- 어깨로 숨을 쉬고 있다. 호흡할 때마다 쇄골 안쪽이나 늑골 아래가 쑥쑥 들어간다.

기침이나 콧물이 약간 나지만, 일상생활에 지장이 없을 정도(식욕이나 수유 상태가 평소와 같고 밤에도 잠을 잘 수 있을 정도)라면 진찰을 받지 않고 상태를 지켜보면 됩니다.

반면에 밤에 기침이 심해서 잠이 깨거나 일상생활에 지장이 있는 수준이라면 진찰을 받는 것이 좋습니다. 더불어 가슴에서 쌕쌕 소리가 나고, 어깨로 숨을 쉬기도 하고, 안색이 좋지 않을 때는 천식양 기관지염이나 기관지 천식일 가능성이 있습니다. 아이가 힘들어 보이면 평일 오후까지 상태를 지켜보지 말고 오전 중에 진찰을 받으시는 것이 좋습니다.

▶ 설사나 구토를 할 때

- 설사가 계속된다.

- 물 같은 설사가 하루에 수차례 나온다. 설사 횟수가 늘었다.

- 변에 피가 섞여 있다.

- 2회 이상 구토를 했다.

- 계속 컨디션이 좋지 않고, 수분 섭취가 안 된다.

- 힘이 없어졌다. 몸이 축 늘어졌다.

- 복통이 심하다.

설사나 구토 증상이 있을 때 주의해야 할 점이 있습

니다. 탈수증과 세균성 위장염이 의심되는 경우입니다. 또 소화기계열 병으로는 드문 경우지만 심각한 병인 급성 충수염(맹장)이나 장중적腸重積(창자 겹침증, 장의 일부가 겹쳐서 중증화되면 장 조직이 괴사하는 병)일 수도 있습니다. 로타 바이러스나 노로 바이러스에 걸린 경우에는 심한 구토와 설사가 일어날 가능성이 있습니다. 수분이 위아래로 빠져나가기만 할 뿐 보충되지 못한다면 아이는 금세 탈수증에 걸립니다. 조금씩 자주 수분을 섭취하는 게 좋습니다.

우선은 아이의 상태를 제대로 관찰하는 것이 중요합니다

3세까지
가능한 많은 병원체를 만나자!

소아과에 가서 진찰을 받을 기회는 3세까지 많고, 4세부터는 상당히 줄어듭니다. 개인차가 있고, 어떤 생활을 하느냐에 따라 달라지기도 합니다. 유아기부터 보육원에 들어간 아이는 집단생활을 통해 다양한 종류의 병원체를 만납니다. 아이는 다양한 바이러스와 세균과 싸우면서 강해지게 됩니다. 아이가 둘 이상 있는 집은 형제자매를 통해 병원체에 감염될 확률이 높습니다. 그러나 면역력은 강해진다고 볼 수 있습니다. 보육원에 가지 않는 외동아이라도 아동시설에 자주 출입하거나 자주 외출을 하는 아이는 병원체에 감염되기 쉽습니다. 아이가 소아과에서 진찰을 받는 원인은 대부분 감염증입니다. 병원체에 감염되어 발열 증상을 호소하는 연령이 3세 정도까지입니다.

3세까지 진찰받을 기회가 두드러지게 많습니다. 0-3세 사이에 다양한 병원체를 만나 면역력을 키워두어야 합니다. 면역력을 키워두면 같은 병원체를 만났을 때 몸에 갖춰진 면역력이 신속하게 움직여서 감염증에 걸리는 횟수를 줄여줍니다.

면역력이 취약한 아이들이 있습니다. 보육원에 다니지 않고 외출도 잘 하지 않으며 다른 아이와 접촉이 거의 없이 성장한 아이들입니다. 면역력이 약한 아이들이 유치원에서 집단생활을 시작하면 몇 개월 동안은 빈번하게 열이 나는 사례가 적지 않습니다.

부모가 애지중지 키운 아이의 경우에는 유치원에 들어갈 때까지 병원체를 만난 경험이 거의 없습니다. 갖고 있는 면역의 기억도 적은 상태입니다. 아이가 태어나서 3세까지 많은 병원체를 만나 그것을 얼마나 잘 극복해 가는지가 중요합니다.

아이들마다 생활환경이나 체력이 제각각 다릅니다. 제가 드리고 싶은 조언은 약에 의지하지 않고 병을 극복하는 게 아이에게 좋다는 것입니다. 그리고 그 지름길은 안이하게 의사를 찾아가 진찰받지 않는 것입니다.

개인 병원을 운영하는 제가 이런 말을 하는 것이 이상하게 들릴지도 모릅니다. 저는 환자들에게 "증상이 경미하면 진찰받지 않으셔도 돼요"라고 자주 말합니다. 이 말은 곧 '이런 경미한 증상으로 병원을 찾지 않으셔도 돼요'라는 뜻으로도 읽을 수 있습니다.

환자들에게 자주 병원에 오지 않아도 된다고 말하면, 저를 포함한 소아과 의사들은 먹고 살 기회를 잃어버릴지 모릅니다. 그럼에도 모든 사람들이 현명하게 의료 기관을 이용하는 것은 내 아이를 지키는 일인 동시에 소중한 의료 자원인 '사람'을 지키는 일입니다. 저는 우리가 살아 갈 사회가 조금이라도 건강해지길 바라는 마음으로 병원에 자주 오지 않아도 된다고 말합니다.

요즘에는 일에 대한 보람이나 일 자체를 인생의 중심에 두고 살지 않습니다. 그보다는 일과 생활의 조화가 더 중요하게 되었습니다. 이러한 추세는 노동 강도에 비해 보수가 적은 일을 기피하는 경향으로 이어졌습니다. 의사도 예외는 아닙니다. 예를 들어 산부인과는 출산 시간에 따라 24시간 내내 호출될 가능성이 있습니다. 하루 종일 대기해야 하니 노동 강도가 높다고 할 수 있습니다. 또 '아기는 건강하게 태어나는 게 당연하다'는 잘못된 인식으로 적잖은 소송이 일어납니다. 정신적으로도 일하기 힘든 곳입니다. 그래서 요즘에는 산부인과 의사를 지망하는 젊은이들이 점점 줄어들고 있습니다.

소아과 역시 호출 횟수가 많은 과입니다. 어른보다 어린이 진찰이 훨씬 더 수고스럽습니다. 어른은 팔만 내밀면 간단하게 혈액 검사를 위한 채혈을 할 수 있습니다. 그러나 3세 정도 된 아이를 상대로 채혈할 때는 아이가 움직이면 위험해서 때문에 간호사가 2명이나 달라붙어야 합니다. 시간과 정성이 어른들보다 몇 배는 더 듭니다.

최근에는 전국적으로 산부인과가 줄어들고, 소아과
는 입원할 수 있는 병원이 줄어들고 있습니다. 응급실
도 마찬가지입니다.

만일 가벼운 증상이라도 편하다는 이유로 쉽게 진찰
을 받는, 소위 편의점식 진찰을 받는 사람이 많아
지면 응급 현장의 의사와 간호사는 피폐해집니
다. 그래서 응급실을 지망하는 의사와 간호사를 확보
하지 못 하게 되면 응급실은 축소·폐쇄될 것입니다.

제가 지금 병원을 운영하고 있는 동네에도 시내에서
야간·휴일에 안심하고 진찰을 받을 수 있는 소아과
응급실이나 야간·휴일 진료소는 없습니다. 만일 진찰
을 받고자 한다면, 운전해서 다른 도시 한 군데를 거쳐
가야 합니다.

어느 순간 주위를 둘러보니 아이와 임산부를 둘러싼
의료 환경이 열악해졌습니다. 앞으로 더 열악해지지 않
도록, 제한된 의료 자원을 소중히 해야 합니다. 안일하
게 진찰받지 않고, 현명하게 진찰을 받는 자세가

<u>필요합니다.</u>

「나만 좋으면 그만」과 같은 임시변통적인 생각은 옳지 않습니다. 앞으로 내 아이가 부모가 되었을 때 여러분의 손자를 곤경에 빠뜨릴 수도 있습니다.

 병원체를 만나 싸울 때마다 아이의 면역력은 자라납니다

4세가 지나면 병원과는 연을 끊는다고 생각하자!

적당히 외출하면서 보육원이나 유치원 같은 집단생활을 자연스럽게 경험하다 보면, 면역이 순조롭게 '저금' 되면서 한 해 한 해 체력도 길러집니다.

원래 피부 트러블이 많은 아이라도 차츰 피부가 두꺼워지고 튼튼해지는 경우가 많습니다.

타고난 병이 없고, 소아암이나 면역성 질환 같은 특별한 병이 없으면, 대부분의 아이들은 4세가 지나면 소아과에서 진찰을 받는 횟수가 부쩍 줄어듭니다.

단, 기관지 천식이나 아토피성 피부염, 음식 알레르

기와 같은 알레르기성 질환으로 중등증 이상의 경과를 보이고 있다면 진찰 횟수는 줄지 않습니다.

알레르기성 질환은 유전적인 체질뿐만 아니라 여러 가지 요인이 영향을 미쳐 발병합니다. 완전히 예방할 수는 없습니다. 따라서 아이가 뭔가에 대해 알레르기를 갖고 있다면 어쩔 수 없는 부분입니다.

그런 특수한 병이나 알레르기성 질환을 제외하면, 4세가 지났을 때「앗, 소아과에 마지막으로 간 게 언제지?」싶은 것이 이상적입니다.

독감, 수두, 볼거리, 인두 결막열 등의 감영증은 학교 보건법으로 정한 출석 정지 대상입니다. 그런 병들이 의심될 때는 의료 기관을 찾아 진찰을 받거나 출석 정지 해제 허가를 받아야 합니다.

이는 학교와 보육원 운영상의 문제이니 학교와 보육원의 지시를 따르셨으면 좋겠습니다.

「아기는 건강하게 태어나는 게 당연」한 것은 결코 아니라는 말씀을 드렸습니다. 그와 동시에, 아이는「건강하고 씩씩하게 크는 게 당연」한 것도 아닙니다.

예를 들어, 태어날 때부터 심장에 이상이 있는 선천성 심장질환을 가진 아이는 대개 100명에 한 명 꼴로 태어납니다.

원인불명으로 갑자기 아기가 죽어버리는 영유아 돌연사 증후군은 3만-4만 명에 한 명 꼴로 발생합니다.

백혈병을 포함한 소아암은 대략 만 명에 한 명 꼴로 발생합니다.

그렇게 생각하면 목숨을 위협받는 병에 걸리지 않고, 큰 사고도 당하지 않고, 작은 사건·사고는 있지만 유치원이나 보육원에 다닐 때까지 건강하게 큰다는 것, 그리고 매일 아이가 씩씩하게 밥을 먹고 성장해 가는 모습을 볼 수 있다는 것은 얼마나 멋진 일인가요?

아이의 성장을 똑똑히 지켜보면서 현명하게 의료 기관을 이용하고, 가능하면 4세까지 튼튼한 몸이 만들어지도록 열심히 도와서, 4세가 지나면 거의 의사가 필요 없는 아이가 된다…부디 이런 목표를 설정하시기 바랍니다.

　다음 장에서는 의사가 필요 없는 아이로 키우기 위한 구체적인 조언을 드리겠습니다.

 **'소아과에 마지막으로 간 게 언제지?' 싶은 상태를 목표로 삼읍시다**

3장

「의사가 필요 없는」
아이로
키우는 방법

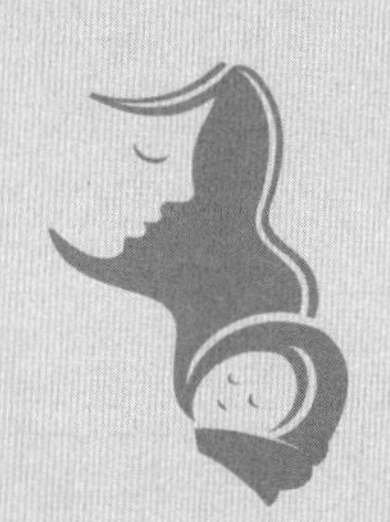

첫째도 수분,
둘째도 수분이다!

아이의 홈케어에서 가장 중요한 부분은 바로 수분입니다.

아이는 어른에 비해 체내 수분 비율이 높습니다. 또 신장 기능이 미숙하기 때문에 어른만큼 소변을 농축시키지 못합니다. 몸 안팎을 드나드는 수분의 양이 많아집니다.

그리고 어른처럼 스스로 수분을 섭취해야 한다는 생각도 하지 않고, 수분 섭취에 주의하거나 수분 섭취를 위해 의식적으로 노력하지도 않습니다.

열이 난 상태에서 몸이 필요로 하는 수분량은 평소보다 10-20% 늘어납니다. 열이 날 때는 식욕도 없어지고, 음식을 통해 취할 수 있는 수분이 줄어들기 때문에 평소보다 더 수분 공급에 신경 써야 합니다.

열이 난 아이의 곁에는 항상 물이나 보리차를 두고 마시게 하거나 마시라고 해야 합니다.

열이 날 때뿐만 아니라 설사를 할 때도 변에 수분이 섞여 빠져나가기 때문에 수분 섭취에 주의해야 합니다.

우유를 먹는 아기가 바이러스성 위장염에 걸렸을 때, "우유를 먹이니 바로 설사를 하길래 우유 먹이는 횟수를 줄였다"는 어머니가 있습니다. 이것은 잘못된 행동입니다.

인체에서는 위대장 반사라고 해서, 위에 먹을 것이 들어가면 대장도 움직이는 작용이 일어납니다. 이 반사작용이 강한 아이는 어느 정도 우유나 모유를 마시거나 식사를 했을 때도 마찬가지로 장이 움직이면서 변이 나오게 됩니다.

설사의 기미가 보일 때 그 현상이 더 눈에 띌 뿐입니

다. 그야말로 설사때문에 잃어버리는 수분이나 미네랄을 보충할 필요가 있으므로 우유나 모유의 공급을 제한해서는 안 됩니다.

어린이는 수분이 들어오는 양과 나가는 양의 균형이 무너지기 쉬워 어른보다 탈수현상이 생기기 쉽습니다.

감염증에 걸려 열이 나거나 설사를 해서 수분 섭취가 필요할 때 3-4세 정도의 유아는 "물 마시자"고 하면 마실 것입니다. "몸이 세균과 싸우려면 물이 필요해"라는 이야기도 덧붙이면 말이 통할 것입니다.

그러나 0-2세 정도의 영아는 그렇지 않습니다.

가능하면 이유식이 끝날 무렵부터 물이나 보리차를 잘 마시는 습관을 길러주는 것이 중요합니다.

사실 저도 아이들이 쌍둥이라는 이유로, 아이들의 수분 섭취에는 많이 신경 쓰지 못했습니다. 쌍둥이 중 아들은 물을 잘 마셨지만, 딸은 그렇지 않았습니다. 조금 고집 센 딸의 성격도 원인이었을지 모릅니다. '아무래도 이건 약이 필요해'라는 생각에 항생제를 먹이려 했을 때도 딸은 쓴 약이 싫다며 먹지 않았습니다.

아이의 미각이나 성격이 민감하면 약을 잘 먹지 않을 수도 있습니다. 부모의 노력과는 관계가 없는 측면도 있습니다. 그러나 고열, 설사와 같은 병에 걸렸을 때뿐만 아니라, 열사병 예방을 위해서도 수분 섭취는 중요합니다. 그러나 아이가 물, 보리차를 즐겨 마실 수 있도록 부모들이 노력해야 합니다.

 **평소 물이나 보리차를 자주 마시는 습관을 들이는 것이 좋습니다**

야채와 과일을 먹지 않으면
발열 빈도가 4배로 증가한다

평소 야채를 먹지 않는 아이가 야채를 잘 먹는 아이에 비해 감기에 잘 걸리고, 증상도 오래갈 확률이 높다는 이야기를 여러분도 들으셨을 것입니다.

저희 쌍둥이 중 아들은 어릴 때부터 야채와 과일을 잘 먹었지만, 딸은 많이 먹지 않았습니다. 조금 크고 나서 사과만 조금 먹을 뿐, 유아기에는 거의 먹지 않았습니다.

둘은 같은 보육원, 같은 반에 다니고, 외출 기회도 똑같고, 양치하거나 손 씻는 빈도도 비슷했습니다. 그럼에도 딸이 4배 정도 발열 횟수가 많았습니다.

이란성 쌍둥이이기 때문에 유전자적으로는 함께 태어난 다른 남매입니다. 저는 이 둘이 같은 환경에서 자랐는데도 식생활로 인해 이렇게 차이가 난다는 사실에 놀랐습니다.

매일 먹는 음식이 쌓이면 큰 차이를 불러옵니다. 어린 아이들은 먹는 양이 일정하지 않을 때가 많습니다. "어제는 엄청 먹었는데 오늘은 놀기만 하고 전혀 먹지 않네요"라는 말은 자주 듣는 이야기입니다. 아이는 매일 균형 잡힌 식사하기가 어렵습니다. 때문에 대략 3, 4일을 기준으로 식사 내용이나 식사량의 균형을 잡아야 합니다.

어렸을 때는 음식에 호불호가 있어도 어쩔 수 없습니다. 인간의 미각은 본능적이어서 쓴맛은 독성이 있다고 느끼고 신맛은 썩은 것이라고 느낍니다. 어른은 경험을 통해 괜찮은지 아닌지를 판단할 수 있지만 아이들은 그렇지 않습니다. 또 익숙하지 않은 음식은 무서워합니다. 잘게 썰거나 양념을 바꾸는 등 다양한 방법을 통해서 아이에게 먹이는 것도 좋습니다. 그렇지만 아이가 크기 전까지는 호불호를 좀처럼 극복하지 못할 수도 있으니 오래 지켜보시기 바랍니다.

저도 초등학생 무렵에는 가공 치즈와 낫토, 토란을 엄청 싫어했지만 지금은 잘 먹습니다. 여러분도 어릴 적에는 못 먹었지만 지금은 먹을 수 있는 식재료가 있지 않나요?

음식을 대하는 방식에 있어서 하나 더 주의했으면 하는 점이 있습니다. '즐겁게 식사하는 것'입니다. 아이가 밥을 먹으면서 음식이나 식기로 계속 장난을 치거나 특정 음식에 대해 강한 거부감을 보일 때가 있습니다. 어머니는 "어렵게 만들었으니 먹어!"라는 강압적인 태도로 아이에게 억지로 음식을 먹이려고 합니다. 이런 일이 반복되면 즐거워야 할 식사 시간이 아이와 어머니 모두에게 더 이상 즐겁지 않게 됩니다.

밥을 먹을 때 장난을 치기 시작하면 시간을 정해서 30분이 지나면 음식을 치워버리는 것도 한 가지 방법입니다.

아이가 잘 먹지 않는 식재료를 활용해 열심히 만든 반찬을 아이가 먹지 않을 때는 "와, 이렇게 맛있다니 난 천재인가봐!"라고 하면서 아이 앞에서 맛있게 먹는 것도 좋은 방법입니다.

저도 공들여 만든 음식을 아이가 거들떠보지 않았을 때가 있습니다. 같은 요리라도 내가 만들었을 때는 먹지 않더니 할머니가 만든 것은 먹었을 때 몹시 우울했습니다. 지금 생각하면 어린 아이가 먹는 양이나 음식이 일정하지 않은 것은 당연한 일이고 우울해서 손해 본 건 저였습니다. 육아는 엄청 힘듭니다. 지나친 우울에 빠져 더욱 힘들지 않도록 좀 더 너그럽고 긍정적으로 생각할 필요도 있지 않을까요?

 **같은 환경에서 자란 형제자매라도 식생활에 따라 면역력에 큰 차이가 생깁니다**

꼬마와 뚱보는
표적이 되기 쉽다

영유아 검진을 할 때 저는 종종 부모에게 "남자 아이들은 잔인해요"라고 이야기합니다. 왜냐하면 보육원이나 유치원에서는 체구가 작은 아이(키가 작은 아이)가 남자아이들 사이에서 폭력의 대상이 되기 쉽기 때문입니다. 유아들이라 폭력의 정도가 심하진 않지만, 체격이 큰 아이나 걸핏하면 손이 먼저 나가는 아이에게 걸어차이기도 하고 맞기도 합니다.

항상 몸집이 작았던 저희 아들은 3살 무렵까지 다니는 보육원마다 폭력의 대상이 되었습니다. 한 가해자 아이를 알았음에도 상처를 입은 적이 없어서 보육원 선생님에게 말씀을 드리거나 상담을 요청하지는 않았습니다.

그러나 학부모 참관 수업 때의 일입니다. 가해자 아이가 앞에 서있는 아들을 연신 발로 차고 있었습니다. 보육원 선생님은 눈치채지도 못했습니다. 그 모습을 보고 화가 치밀어 올랐습니다. 소리를 질러 수업을 방해할 수도 없어 그저 발로 차는 가해자 아이를 노려보기만 했습니다.

저와 남편은 둘 다 키가 작습니다. 아들은 미숙아로 몇 달 일찍 태어나서 반 아이들에 비해 몸집이 작습니다.

영유아 검진 때 모유 수유에 지나치게 집착하는 어머님이나 반대의 어머니들 중 아이의 키와 체중이 성장 곡선 그래프의 아래쪽에 속하는 경우에는 그런 제 경험을 말씀드릴 때가 있습니다. 협박하려고 드리는 말씀은 아닙니다.

'부모가 좀 더 신경을 쓴다면 아이가 피해자가

될 가능성이 줄어들 수 있다'고 믿습니다. 아이가 심리적으로 상처받는 것도 슬프지만, 소중한 내 아이가 상처받는 것은 더 슬프기 때문입니다.

참고로 저희 딸은 몸집이 작은데, 오히려 위의 학년 여자애들에게 귀여움을 받았습니다. 유아기에도 사회성에 있어서는 남녀의 차이가 확실해 보입니다.

다음은 체중에 대한 이야기입니다.

유아기에 고도비만은 내분비계 장애나 약 부작용 때문일 수 있습니다. 만일 그게 아니라면 전적으로 부모의 책임입니다.

보육원에서 실시하는 정기 검진 때 보육원 선생님에게 비만도가 높은 아이의 부모나 가정 상황에 대해 물어볼 때가 있습니다. 그런 경우에는 과자를 많이 먹거나 튀김류 중심으로 편식하는 경우가 많습니다.

유아기부터 편식을 하게 되면 소아 성인병이나 소아 비만으로 이어질 가능성이 높습니다. 어른이 되었을 때도 성인병으로 인해 돌연사할 위험이 커집니다.

뚱뚱한 아이들은 친구들 사이에서 "이 돼지야!"와 같은 말을 일상적으로 듣게 됩니다. 이런 말을 많이 듣다 보면 인격 형성의 기초인 '자존감'이 낮아질 수 있습니다. 또 몸무게가 많이 나가면 몸의 움직임이 둔해지므로 달리기 같은 가벼운 운동에서도 다른 아이보다 뒤쳐질 때가 많습니다. 그때 운동을 싫어하는 마음이 생기면 운동량이 줄어들면서 앞으로도 점점 더 비만이 될 가능성이 높아집니다.

부모가 만들어준 잘못된 식습관 때문에 아이 인생에 그림자가 드리워질 수도 있는 것입니다.

만일 부모가 식생활에 최대한 신경을 쓴다면 그런 위험을 최소화할 수 있습니다.

그렇다고 '뚱뚱해지면 성격이 삐뚤어진다'고 단언할 수는 없습니다.

저는 초등학교 2학년 때부터 뚱뚱했습니다. 같은 반 남자아이에게 계속 "이 돼지야!"라는 말을 들었습니다. 그럼에도 운동도 그럭저럭 잘 했고, 크게 열등감을 느낄 일은 없었습니다.

스스로 예쁜 옷이 어울리지 않는다는 의식은 있어서 때문에, 초중고 시절에는 멋 부릴 생각을 전혀 하지 않긴 했습니다.

이렇듯 남들과 상당히 다른 체형은 아이의 생각과 행동에 많은 영향을 끼칩니다.

과자, 아이스크림, 주스 모두 지나치게 먹으면 좋지 않습니다. '몸에 안 좋은 것은 일절 주지 않는다'는 말이 아닙니다. 친구네 집에 놀러 가거나, 보육원에서 간식으로 얼마든지 과자를 먹을 수 있기 때문입니다. 이런 음식들을 완전히 피하기는 어렵습니다.

적어도 유아기에는 집에서 감자칩이나 초콜렛 과자 같은 정크 푸드를 간식으로 주지 않고, 주스류도 가급적 주지 않는 것이 좋습니다.

요즘에는 부모들도 인공 감미료에 익숙해져 그 맛이 이상하다고 느끼지 못하기도 합니다.

예전에 영양사 한 분을 초대해 병원에서 바른 식생활 교육 교실을 열었을 때의 일입니다. 플레인 요구르트에 설탕, 검 시럽, 인공 감미료를 섞어 맛을 비교했습니다. 영양사 입장에서는 인공 감미료의 감칠 맛, 입에 남는 부자연스러운 단맛을 느끼기를 바랐습니다.

그러나 저도 인공 감미료의 맛이 이상하지 않았습니다. 어떤 부부는 인공 감미료를 섞은 요구르트가 제일 맛있다고 했습니다. 나도 모르는 사이에 미각이 마비된 것입니다. 소금도 평소 섭취량이 많으면 짠맛을 느끼는 힘이 약해지면서 자기도 모르는 사이에 염분을 지나치게 섭취하는 경우도 많습니다.

아이의 식생활뿐만 아니라, 부모의 식생활도 재점검할 필요가 있습니다.

부모가 신경 쓰지 않는 사이 습관이 된 편식이 아이의 키와 몸무게에 영향을 미쳐 아이의 인생에 그림자를 드리울 수도 있습니다

손이 가지 않는 「착한 아이」에게 주의하라

저는 그동안 17곳의 병원에서 일하면서 소위 심신증에 걸린 아이들을 담당한 적이 있습니다. 심신증이란 발병이나 병의 경과에 심리적·사회적 인자가 크게 영향을 주는 병입니다.

그 중 눈에 띄는 심신증 환자의 심리적·사회적 경향이 있었습니다.

「어머니가 고학력에 깔끔하고 정확한 성격이며, 환자 본인은 아버지를 좋아하는 경우」

「편부모 가정에서 부모가 아이에게 지배적인 태도를 취하는 경우」

한 중학생 여자아이는 수개월에 걸쳐 끊임없이 복통을 호소했습니다. 이 아이의 어머니는 단정하고, 깔끔하고, 정확한 성격이었습니다. 아마도 이 아이는 어릴 적부터 어머니에게 응석을 부리는 일이나 스킨십이 적었을 것이라고 미루어 짐작했습니다.

반면에 아버지와는 사이가 좋아 보였습니다. 입원해서 복통에 관한 검사를 수차례 진행했지만 원인을 알 수 없었습니다. 그래서 심신증 진단을 내렸습니다.

또 대단히 엄격한 스포츠맨 아버지와 여동생 셋과 함께 살던 중학생 남자 아이도 있었습니다. 그 아이는 수년 동안 엄격한 아버지 밑에서 집안일을 도우며 최선을 다했습니다. 그러나 체육 수업에서 다리를 다쳐 움직일 수 없게 되었습니다. 그 때 마음도 "이제 더는 못하겠어!"라고 외쳤던 것인지 상처가 다 나은 후에도 통증을 호소하며 등교하지 않았습니다. 결국 장기간 입원을 했습니다.

두 가지 케이스의 부모와 아이들은 모두 성실하고,

본인이 맡은 일을 열심히 하는 사람들이었습니다.

아이는 얌전한 우등생입니다. 자기보다 주변에서 원하는 것을 먼저 생각하고 떼를 쓰거나 응석 부리지 않는 아이, 즉 '착한 아이'입니다.

그러나 어릴 때부터 부모·자식 사이에 스킨십이 적고, 따뜻한 감정의 교류가 적었을 것으로 생각되었습니다. 아이는 부모의 기대에 부응하기 위해 끊임없이 노력했지만, 어느 날 한계에 다다라 마음이 부러져 버렸습니다.

정신과 의사, 심리요법사, 간호사와 함께 아이들의 부모에게도 상담을 권유했습니다. 그러나 부모는 좀처럼 변하지 않았습니다. 아이들의 입원 기간도 수개월에서 2년까지 다양했습니다. 아이들은 부모가 아니라 입원 중에 생긴 친구들, 다른 어른들과 맺은 인간관계 속에서 자신감과 자기 긍정감을 배우며 변했습니다.

대부분 아이들이 중학생이 되고 난 후에 보이는 증상입니다. 그 뿌리는 유소년기에 있습니다.

그리고 일단 증상이 나타나면 일반적인 학교생활을 하는 데 수년의 시간이 걸리기도 합니다. 유아기 시절부터 부모 말을 잘 듣는 '착한 아이'이면서도 자기 긍정감을 충분히 키우지 못한 아이는 주의가 필요합니다.

물론 아이의 성격도 다 다릅니다. 부모 중 어느 한 쪽의 성격이 그대로 자식에게 전해지는 것은 아닙니다. 응석을 잘 부리는 아이가 있는 반면 안 그런 아이도 있습니다. 자기 생각을 직접적으로 표현할 수 있는 아이가 있는 반면 안 그런 아이도 있습니다.

가장 중요한 것은 아이가 '나는 있는 그대로 무조건적인 사랑을 받고 있다'고 느끼게 해주는 것입니다. 사랑을 느끼지 못한다면 아이의 정신적인 토대가 단단해지기 어렵습니다.

성실한 아이가 사랑을 느끼지 못하고 부모와 주위 사람들을 위해 행동하다 보면, 한계에 다다랐을 때 몸과 마음에 병이 생깁니다.

아이의 성격을 잘 살펴보고 행동하는 것이 중요합니

다. 응석을 잘 부리지 못하는 아이라면, 부모가 먼
저 스킨십을 많이 시도하는 것이 좋습니다. 말 잘
듣는 맏이로 자라 자기 멋대로 구는 일이 없는 아이라
면 가끔 부모와 아이만의 시간을 갖도록 하시길 바랍
니다. 부모도 '○○해야 당연하지', '○○하게 하면 안
돼'라는 식의 생각을 자주 하면 안 됩니다. 그런 생각
이 들 때에는 어깨에 힘을 빼고 '우리 가족이 행복해
지는 길은 어느 쪽일까?'라고 천천히 생각해 보시기
바랍니다.

 유소년기에 부모에게 응석을 부리지 못한 아이는 사춘
기가 되어 심신증에 걸릴 가능성이 있습니다

부모와 나누는
감정의 교류야말로 최고의 「약」이다

어릴 적부터 부모와 감정 교류가 제대로 이루어지지 않아 청소년기에 몸에 원인을 알 수 없는 병이 생기는 사례를 이야기했습니다. 그러나 청소년이 아닌 어린 아이도 심리적 요인에 의해 병이 순식간에 심각해질 때가 있습니다.

제가 예전에 어느 지역의 중심 병원에 근무했을 때 있었던 일입니다. 중증 기관지 천식에 걸린 2세 아이가 있었습니다. 당시는 스테로이드 흡입약도 개발되지 않았고, 기관지 천식을 관리할 수 있는 방법이 지금보다 열악한 시대였습니다.

기관지 천식의 가장 심한 증상 중 하나인 발작은 '호흡부전'입니다. 호흡부전은 기관지 내강이 극도로 좁아져 호흡이 불가능해지는 상태를 말합니다. 즉, 목이 졸리고 있는 듯한 상태입니다. 중발작이나 대발작일 경우 청진기를 사용하지 않아도 숨을 들이마실 때 숨에서 쌕쌕 하는 소리가 들립니다. 그러나 호흡부전 상태에서는 숨을 들이쉬고 내쉬는 것이 모두 어렵기 때문에 쌕쌕 소리조차 들리지 않습니다. 때때로 인공호흡기가 필요한 경우도 있습니다. 제가 치료한 2세 아이도 수차례 호흡부전을 일으켜 인공호흡기를 사용하게 되었습니다.

아이는 왜 심한 천식에 걸리게 되었을까요?

애연가였던 아이의 아버지는 좀처럼 담배를 끊지 못했습니다. 게다가 제 개인적인 생각으로는 부부 사이가 안 좋아보였습니다. 아버지가 어머니를 전혀 신경 쓰지 않는 느낌이었습니다. 어머니는 거의 무표정하고 경직된 표정이었습니다. 제멋대로 추리해 본 것이지만, 삐

걱거리는 부부 사이, 냉랭한 가정의 분위기가 아직 두 살밖에 안 된 그 아이에게 계속 스트레스를 주었을지 모릅니다. 그게 원인이 되어 아이의 기관지 천식 발작 빈도를 높이고 병을 악화시켰을 수 있습니다.

또 다른 예입니다. 5세 여자아이가 진찰을 받으러 왔습니다. 아이의 보호자인 어머니가 허벅지 근처가 가렵고 아프다며 상담을 하셨습니다.

보통 이럴 때는 속옷에 묻은 분비물(냉)에 대해 묻고, 음부 상태도 실제로 살펴보면서 상황에 맞게 외용제(바르는 약)를 처방합니다. 그러나 그 어머니의 경우에는 몸에 관한 부분 이외에도 마음에 걸리는 점이 있었습니다. 어머니의 성격이 지나치게 예민해 보였습니다.

어머니와 함께 왔던 아이도 제 앞에 굳은 표정으로 앉아 있었는데 신경이 예민해 보였습니다. 어머니는 저에게 질문을 던지면서도 환자나 함께 진찰실에 있던 환자의 여동생에게 계속 주의를 주었습니다.

"○○야, 가만히 있어야지!"

"똑바로 앉아 있어!"

이런 식으로 예민함을 감추지 못했습니다.

어쩌면 '아이에게 예절교육을 확실히 시키려고 하는구나'라고 볼 수 있습니다. 그러나 모든 일에는 양면이 있습니다. 지나치게 예민한 어머니가 지나치게 예민한 아이를 만듭니다.

그 어머니께는 "허벅지에 관해 너무 캐묻지 않는 게 좋습니다", "증상을 호소했을 때는 '가렵구나', '아프구나' 하면서 받아줄 필요가 있습니다. 하지만 본인이 허벅지에 지나치게 신경 쓴 나머지 자꾸 긁다 보면 피부가 일어나면서 다시 가려워지는 악순환이 벌어질 수도 있어요"라고 말씀드렸습니다.

반대로 이런 경우도 있었습니다.

피부가 약한 편이지만 특별히 의사에게 진찰받은 적 없이 건강하게 자란 남자아이가 있었습니다. 그 아이의 어머니는 느긋한 성격이었습니다. 그 아이가 고등학생이 되었을 무렵, 혈액형 검사를 하고 알러지 관련 검사를 해봤더니 놀랄 만큼 높은 알러지 수치가 나왔습니다. 아토피성 피부염이나 다른 피부염에 걸려 마구 긁어댈 정도로 괴로워해도 이상하지 않은 수치였습니다. 검사를 한 의사는 "이런 상태로 지금까지 용케 아토피 증상이 없었네요"라며 놀라워했습니다.

이 아이의 어머니는 아이와 머리를 맞대고 함께 하는 사람이었습니다. 아이가 정신적으로 안정된 상태를 유지할 수 있었기 때문에 증상이 억제되거나 완화될 수 있었습니다.

 **아이와 머리를 맞대는 자세, 느긋하게 기다리는 자세가 중요합니다**

아이의 마음이 온화하면
생명력도 강해진다

육아서 『육아 해피 어드바이스』 시리즈에서 정신과 의사 아케하시 다이지 씨는 "아이의 인격 형성에 토대가 되는 것은 자기 긍정감"이라고 했습니다.

부모를 비롯한 주위 사람들에게 자기가 사랑받고 있고 중요한 존재라고 느끼는 것이 아이가 성장해 가는 데 있어서 중요한 토대가 됩니다. 중요한 토대가 다져져야 예절을 학습하고 자기실현이 이루어지는 것입니다. 토대가 단단한 아이일수록 몸도 마음도 건강한 아이로 자라게 됩니다.

타고난 체질 등에 따라 다양한 병에 걸리기도 합니다. 그러나 치료 과정에서 병이 악화되지 않게 하는 강인한 생명력은 확실한 자기 긍정감과 평온한 마음을 가질 때 생겨납니다.

부모는 아이의 자기 긍정감을 키워주면서 원활한 의사소통을 해야 합니다. 평소에는 느긋한 태도를 취하지만 위급한 상황에서는 지나치게 걱정하기보다 이성적으로 생각해서 할 일을 해야 합니다. 이렇게 쓰면 어렵게 느껴질지도 모르지만 가장 중요한 것은 「있는 그대로의 너를 사랑해」라는 메시지를 눈길로, 스킨십으로, 말로 아이에게 계속 전달하는 것입니다.

감염증을 한 차례 경험하고 3-4세가 지나면 의사를 만날 필요가 거의 없어지는 것이 이상적이라고 말씀드렸습니다. 하지만 예를 들어, '심장 질환이 있어서 성인이 될 때까지 정기적으로 심장 초음파 검사를 받을 필요가 있는 아이', '네프로제 증후군이라는 신장병이 자꾸 재발하는 아이', '기관지 천식, 화분증, 아토피성 피부염과 같은 알레르기성 질환을 가진 아이'와 같이 진찰을 계속 받아야 하는 경우도 있습니다.

만일 정기적인 진찰이 필요한 아이라면 신뢰할 수 있는 의사에게 제대로 진찰을 받아야 합니다. 양심적인 소아과 의사라면 아이 몸의 부담을 생각해서 증상을 통제할 수 있는 최소한의 약을 쓸 것입니다. 또 간단한 정기 검사나 보다 정확한 진단을 위한 대대적인 검사(조영 검사나 조직을 소량 채취하는 생검 등)의 장단점을 정확히 따져 아이 몸이 겪게 될 부담을 최소화하기 위해 노력합니다.

특정 검사에서는 졸음이 오는 약을 사용하기 때문에 어른과 달리 아이들은 검사 여부를 신중하게 정해야 합니다. 다음 장에서는 어쩔 수 없이 의사를 만나야 할 때 주의할 점과 내 편이 되어줄 의사를 찾는 방법에 대해 말씀드리겠습니다.

인격 형성의 토대가 확실한 아이는 몸도 마음도 건강하게 자라납니다

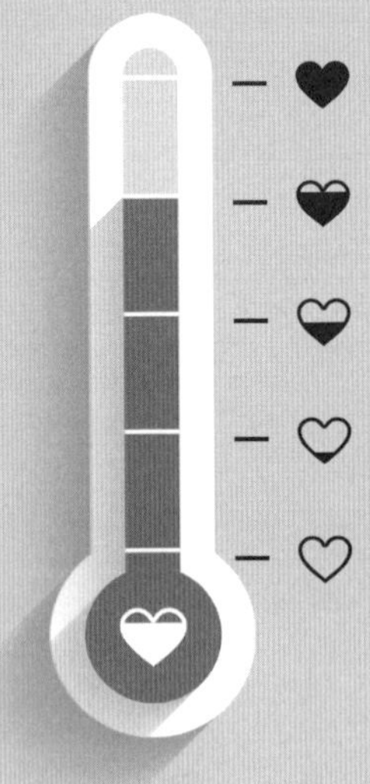

4장

어쩔 수 없이
의사를
만나야 할 때
주의할 점

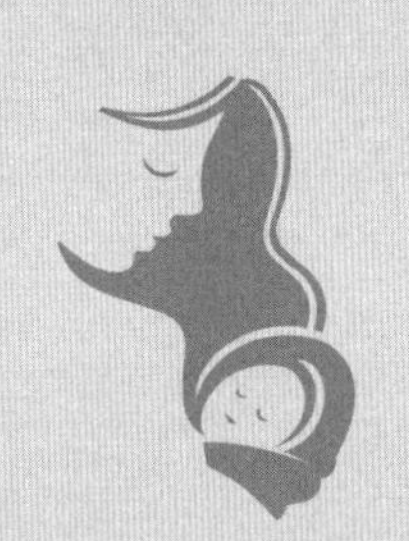

100점 만점짜리 의사는 없다

의사도 당연히 사람입니다.

이 세상에 완벽한 사람이 없듯이 완벽한 의사(의료 기관)도 존재하지 않습니다. 인품이 훌륭하고, 의사소통을 잘하고, 전문성도 있고, 정확한 진단과 치료를 하는 의사, 그리고 입지 조건이 좋아서 주차하기 쉬운 병원, 일하는 분들의 인상도 좋고, 필요할 때 바로 진찰을 받을 수 있고 대기 시간도 길지 않은 병원. 그런 의사나 의료 기관이라면 100점 만점이라고 할 수 있을지 모르겠습니다.

그러나 실제로 이런 의사나 의료 기관은 있을 수 없습니다.

100점에 가까운 의료 기관이 있긴 하지만, 당연히 인기가 높습니다. 만약 의료 기관이 온라인 예약 시스템을 도입한다면, 예약 시작과 동시에 스마트폰이나 컴퓨터를 통해 재빨리 예약해야 할 것입니다. 주차장도 금세 가득 찰 것입니다. 당연히 병원 안에서 대기하는 시간도 길어집니다.

제가 아는 내과나 소아과 중 양심적인 병원에서 진찰을 받기 위해서는 시간과 노력이 필요합니다. 예약이 되지 않는 내과에서는 추운 겨울이라도 아침 일찍부터 진찰을 받기 위해 환자들이 병원 앞에 줄을 섭니다. 환자들이 많을 때는 줄을 서지 않으면 환자들이 많을 때는 3시간씩 대기하기도 합니다. 이처럼 넓은 의미에서 보면 100점 만점짜리 의사나 의료 기관은 존재하기가 어렵습니다.

새로운 곳에서 좋은 의사를 찾기 위해서는 아

래의 예시와 같은 우선순위를 매겨 따져보는 것
이 좋습니다.

- 집으로부터의 거리는 얼마나 되는가?

- 주차가 용이한가?

- 예약이 가능한가?

- 의사가 인품을 갖추고 신뢰감을 주는가?

- 아이 장난감, 그림책이 갖추어져 있는가?

되도록 100점에 가까운 병원을 고르면 좋습니다. 하
지만 어느 정도는 타협하고 나와 내 가족에게 중요한
요소를 잘 따져서 병원과 의사를 선택하면 좋습니다.

 집에서의 거리? 의사의 인품? 당신과 당신 가족에게
중요한 요소는 무엇입니까?

이걸 보면
이상한 병원인지 알 수 있다!

아주 거칠게 말하면, 평상시 환자가 많고 북적거리는 병원은 첫 번째 관문을 통과했다고 할 수 있습니다.

'이 병원은 언제 와도 한산한데 괜찮을까?' 싶은 곳은 주의 깊게 의사를 관찰하고 이야기를 들어볼 필요가 있습니다.

지인에게 들은 어느 내과 병원 이야기입니다.

지인의 딸이 다니는 중학교에서 독감이 유행했습니다. 딸도 갑자기 열이 나서 처음으로 한 병원을 방문했다고 합니다. 지인과 딸이 진찰을 받고 있는 사이에 병원에 오는 환자가 한 명도 없어서 "괜찮은 병원일까?"라는 의문이 들었다고 합니다.

진찰을 받으면서 학교에서 독감이 유행 중이라는 사실을 이야기했습니다. 딸이 기침을 전혀 하지 않았음에도 그 의사는 갑자기 "흉부 엑스레이를 찍읍시다!"라고 말했습니다. 제 지인은 '왜 독감 검사를 먼저 안 하지?'라는 생각에 엑스레이 촬영을 거부했습니다.

이런 사람이 바로 이상한 의사입니다.

필요 없는 검사 때문에 쬐지 않아도 되는 엑스선을 쬐게 하는 것은 확실히 이상하다고 볼 수 있습니다. 또 안과나 이비인후과처럼 전문 병원이 많지 않아서 자주 붐비는 내과임에도 항상 비어 있고 한산하다는 것도 의심스러운 부분입니다.

물론 꼭 환자가 많다고 해서 괜찮은 병원은 아닙니다.

진찰을 하는 의사가 이상하더라도 말을 잘 하거나 경영 전략이 뛰어나서 환자가 많은 경우도 있습니다. 예를 들어 밤늦게까지 진찰을 한다든지, 도

시에 있으면서도 주차가 용이하다든지, 또 우수하고 친
절한 직원들이 있다면 환자들이 많이 찾을 가능성이
높습니다.

- 환자(소아과의 경우 부모)의 이야기를 주의 깊게 듣지 않는다.
- 의사의 견해나 방침만을 일방적으로 이야기한다.
- 전자진료기록부 쪽을 향한 채 환자의 얼굴을 보지 않는다.
- 다른 병원은 소개하기 싫어한다.

위의 예시와 같은 의사는 아이를 위해 피하는 것이
좋습니다.

또 일하는 직원들, 특히 간호사가 의사의 눈치를 많
이 보는 병원도 주의해야 합니다.

간호사는 다른 직원들보다 의사와 더 밀접한 관계를
가집니다. 병원의 의사가 간호사에게 강압적인 태도를
보이고 있다면, 간호사는 의사의 기분을 해치지 않기
위해 매일 눈치를 볼 것입니다. 결국 환자에 대한 배려
소홀로 이어질 가능성이 높습니다.

제가 간호사를 구하기 위해 면접을 봤을 때입니다.

면접을 보러 온 사람은 이전에 소아과가 아닌 다른 과 병원에서 일을 했습니다. 그 사람의 인성을 알고 싶어 "지금까지 환자를 대할 때 어떤 점에 주의했나요?"라고 물었습니다. 이런 질문에는 보통 "환자분이 미소를 지을 수 있도록 말을 건다", 혹은 "어떤 이야기라도 할 수 있는 분위기가 되도록 만든다"라고 대답합니다.

그러나 그분은 "대기실에서 아이가 돌아다니고 있으면 아이를 제지하라는 원장님의 지시 때문에 진료에 방해가 되지 않도록 아이를 못 움직이게 합니다"라고 대답했습니다.

면접을 본 간호사는 환자의 입장에서 생각하지 않았습니다. 하물며 아이의 입장은 더더욱 생각하지 않았습니다. 소아과인 우리 병원에는 맞지 않는 사람이어서 채용하지 않았습니다.

하지만 간호사 입장에서는 원장이 진료에 집중할 수 있도록 방해되는 요소를 없애려고 노력한 것일수도 있습니다. 따라서 무조건 그 간호사에게만 문제가 있다고 할 수는 없습니다만….

 부모의 이야기를 듣지 않고 얼굴을 보지 않는 의사에
게는 각별한 주의가 필요합니다

내 편이 되어 줄
의사를 찾는 방법

소중한 내 아이를 위해 부모 편에 있어줄 의사를 어떻게 찾으면 될까요? 이 점에 대해 자세하게 이야기하도록 하겠습니다.

우선 병원의 시설 면에서 이야기한다면, 진찰을 받으러 오는 사람들을 얼마만큼 배려해 주는가를 확인해 보시길 바랍니다.

소아과의 경우 아이를 데려오는 부모의 입장에서 생각하고 있는지, 아이에 대한 배려가 있는지, 옮기기 쉬운 병에 잘 대처하고 있는지 확인하셔야 합니다.

- 인터넷과 전화를 사용한 예약 시스템이나 순서 대기 규칙이 있는가?(진찰을 받고자 할 때 조금만 기다리면 진찰을 받을 수 있는 상황에서는 없어도 상관없습니다)

  → 진찰을 받는 부모와 아이를 생각한다면 대기 시간은 줄이고 싶어 하는 것이 당연합니다.

- 수두나 볼거리에 걸린 환자를 다른 환자와 격리할 수 있는 방이 있는가?

  → 소아과 환자는 대부분 바이러스나 세균이 원인인 병에 걸려 병원에 옵니다. 의료 기관 안에서 감염이 발생하지 않도록 최대한 배려할 필요가 있습니다.

그 외에 배려를 느낄 수 있는 것은 아래와 같은 항목입니다.

- 공기 청정기나 가습기(에어컨 기능이 뛰어나면 필요 없는 경우도 있습니다).
- 슬리퍼를 소독하는 기계.
- 잘 갖춰진 아이들을 위한 공간, 애니메이션 같은 아동용 영상(저

희 병원에서는 일부러 설치하지 않았습니다. 몸이 안 좋은 아이에게 확실히 집중했으면 하기 때문입니다).

• 친절한 홈페이지.

환자가 안심하고 진찰받을 수 있도록 조금이라도 배려가 느껴지는 병원이 좋습니다.

다음으로 '사람'에 대해 말씀드리겠습니다.

먼저 의사가 내 편이 되어줄지는 ① 알기 쉽게 설명하는 의사 ② 부모가 질문해도 싫은 표정을 짓지 않고 대답하는 의사인지를 보면 가장 쉽게 알 수 있습니다.

다시 한 번 말하지만 의사도 사람이라 완벽하지 않습니다. 또 의사와 부모의 궁합이 맞거나 맞지 않을 수 있습니다.

어떤 날은 의사 선생님의 기분이 안 좋아 보일 때가 있을지 모릅니다. 의사에게 있어서 가장 중요한 점은 환자의 마음에 진지하게 다가가서 마주하려는 자세입니다. 소아과의 경우에는 의사가 부모와 아이의 마음에 얼마나 가까이 다가갈 수 있는지가 가장 중요합니다.

개인적인 의견이지만 아이로니컬하게도 입원 환자가 있는 큰 병원이 동네 병원보다 '환자와 진지하게 마주하는 의사'의 비율이 높습니다. 왜냐하면 노동 강도가 높기 때문입니다.

외래 진료나 외과 계열이라면 수술 외에 담당 입원 환자의 상태에도 신경을 써야 합니다. 야간·휴일 당직이 있는 병원의 경우에는 모두 당직 의사에게 맡기는 곳도 있지만, 그 수가 많지는 않습니다.

병원에 근무하는 의사는 이른 아침, 혹은 외래 진료가 끝난 저녁이나 밤 근무 사이사이에 입원 환자 진찰·검사·치료 계획을 세워 지시서를 작성합니다.

병원이나 담당 진료 과목에 따라 다르긴 하지만, 며칠 휴가를 내는 것 외에는 휴대폰이 울리면 바로 신경 써야 합니다.

얼마 전 제 부모님이 입원한 큰 병원도 마찬가지였습니다.

주말이든 야간이든 가리지 않고 환자에게 전문적인 의료 서비스를 제공하는 의사들이 많았습니다. 고개가 절로 숙여질 정도로 고마웠습니다.

나에게 잘 맞는 좋은 의사를 판별하는 좋은 방법 중 하나는 병원에서 근무한 총 기간을 살펴보는 것입니다. 홈페이지에 지금까지 근무했던 병원을 다 적지 않는 경우가 있기 때문입니다. 큰 병원을 나와 개인 병원을 열게 된 의사마다 각기 다른 사정이나 생각을 가지고 있습니다. 그러나 큰 병원에서 근무한 경험, 오랫동안 환자를 위해 헌신적으로 일해 온 경력을 가진 개업의라는 사실은 신뢰할 수 있는 근거 중 하나입니다.

병원 간판에도 주의하셔야 합니다.

일본은 병원 간판에 진료 과목을 쓸 때 엄격한 규칙이 없습니다. 의사 면허만 있으면 경력이나 실적과 상관없이 표기해도 괜찮습니다. 간판에 [내과 소아과]라고 적혀 있으면 대부분 '내과 의사이지만 어린이도 진찰한다'는 의미입니다.

소아를 전문으로 하는 의사라면 [소아과]라고 단독으로 표기하든지, [소아과 알레르기과]라는 식으로 소아과를 맨 처음에 적습니다. 그러나 표기 규칙이 없다 보니 해당 병원 의사가 아이들을 주로 진찰하고 싶다면, 소아과 연수 경험이 충분하지 않아도 자기 맘대로 쓸 수 있습니다. 그렇기 때문에 가능하면 병원 홈페이지나 전화를 통해 의사가 소아과 전문의인지를 확인하셨으면 합니다.

여기서 말하는 소아과 전문의는 '일본 소아과학회 인정 전문의'를 의미합니다. 이 자격을 얻기 위해서는 지정 의료 기관에서 3-5년 이상 소아과 전문 연수를 확실히 받은 후 시험에 합격해야 합니다. 즉, 소아 전문가로서 제대로 된 경험과 지식이 있는 의사에게만 주어지는 자격입니다. 참고로 중간 규모 이상의 병원이면서 제대로 된 소아과 외래가 있는 곳의 중년 의사는 대부분 소아과 전문의입니다.

마지막으로 의사를 판별하기 위해 아래와 같이 핵심적인 이야기를 해보면 좋습니다.

"아이에게 약은 먹이고 싶지 않아요"

"이 아이에게 약을 먹이기가 힘들어요"

부모를 존중하는 마음이 있는 의사라면 "그럼 약을 최소한으로 쓰도록 하겠습니다", 혹은 "아이가 약을 싫어하나요?"라고 물을 것입니다.

그렇지 않다면 무조건 "이 약을 꼭 먹여야 합니다!"라든가 "전부 필요한 약입니다!"라고 단언할 것입니다.

 홈페이지 등을 통해 의사가 「소아과 전문의」인지 여부를 확인합시다

진찰실에서
부모가 반드시 해야 할 질문

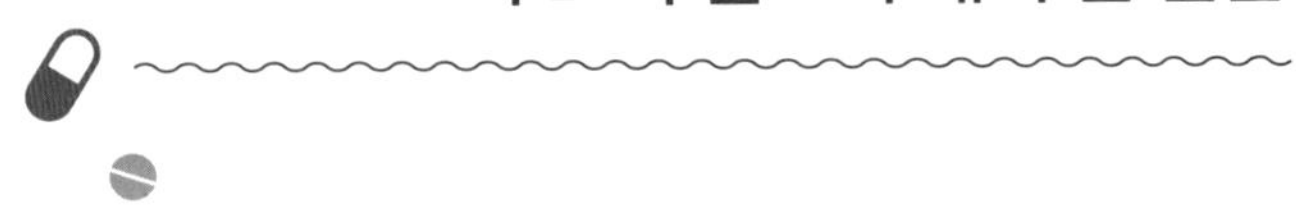

아이가 진찰받을 때 의사한테 꼭 이 질문은 하세요.

"이 약은 끝까지 다 먹어야 하나요?"

앞에서도 말씀드렸지만(1장 참조) 의사가 처방하는 모든 약을 반드시 끝까지 먹어야 하는 것은 아닙니다. 의사는 신이 아니라 진찰받은 아이의 증상이 앞으로 어떤 경과를 보일지 다 알 수는 없습니다. 며칠 분량의 약을 처방할지는 의사에 따라 다릅니다.

예전에 어느 소아과에서는 모든 약은 3-4일분을 처방하도록 정해져 있는 것 같았습니다. 원래 있던 의사

대신 다른 의사가 진료를 할 때도 3-4일분까지 처방해 달라는 구체적인 요청이 있었습니다. 이것이 환자의 경과를 제대로 보기 위함인지 아니면 진찰 횟수를 늘리기 위함인지는 알 수 없습니다. 또 다른 소아과에서는 어떤 약이든 하루치만 처방을 해서 아이가 낫지 않는 한 부모가 매일 진찰을 받으러 와야 했다는 이야기를 들은 적도 있습니다.

저는 증상이 심하지 않거나 증상의 경과가 어느 정도 예측될 때는 부모가 여러 번 진찰받으러 오기 힘들거란 생각에 일주일치 약을 처방할 때가 많습니다. 그리고 "이 약은 증상이 완화되면 안 먹어도 됩니다"라는 말을 함께 합니다.

항 알레르기제처럼 끝까지 다 먹어야 하는 약도 있습니다. 기관지 천식 같은 만성 질환의 경우에도 장기간에 걸쳐 약을 먹어야 합니다. 그러나 급성 질환(예를 들면 감기와 같은 감염증)의 경우에는 처방된 약을 전부 먹을 필요는 없습니다. 진찰이 끝날 무렵에는 의사에게 이 약은 끝까지 먹어야 하는 것이냐고 묻는 것이 좋습니다. 환자 중심으로 생각하는 의사라면 확실하게 대답해 줄 것입니다.

간혹 "당연히 처방된 약은 끝까지 다 먹어야 합니다" 라고 하는 이상한 의사도 있습니다. 어떤 의사는 심각하지 않은 증상에도 2주 정도 길게 약을 처방한다고 합니다. 이런 병원을 다니게 되면 경우 아이가 약을 복용하는 기간이 매우 길어집니다. 부모가 어린 아이에게 불필요한 약을 계속 먹이는 것을 이상하게 생각하지 않는다면 어쩔 수 없는 일입니다. 하지만 생각이 있는 부모라면 이상한 의사를 만났을 때 '앗, 뭔가 이상한데?'라고 느낄 것입니다. 의료에 대한 전문적인 지식은 없어도, 진찰을 받으며 이상한 느낌이 든다면 반드시 다른 의사가 하는 이야기도 들어봐야 합니다.

최근에는 약사의 역할도 커졌습니다. 약을 지을 때 반드시 약사와 약을 어떻게 먹으면 좋을지 상담했으면 좋겠습니다. 조합에 따라 쓴맛이 강해지거나 뒷맛이 써지는 약들이 있습니다. 처방약을 받을 때 약의 특징이나 복용법을 물어보는 게 현명한 방법입니다. 그러나 '이 약은 끝까지 다 먹어야 하는지'는 처방한 의사의 재량이므로 약사는 대답할 수 없습니다. 간호사도 마찬가지입니다. 다시 한 번 말하지만, 반드시 진찰실 안에서 물어보셔야 합니다.

진찰실에서 의사에게 묻기 어렵다면, 진찰 전에 쓰는 문진표의 공란이나 여백에 기입해 두면 좋습니다. 부모의 의문이 해소되어 의심 없이 진찰받을 수 있도록 하는 좋은 아이디어가 있다면 시도해 보는 것도 좋은 방법입니다.

"이 약은 끝까지 다 먹어야 하나요?"라는 짧은 질문을 통해 해당 의사가 환자를 생각하는지 아닌지를 알 수 있습니다

의사의 무심한 발언에
상처받을 필요는 없다

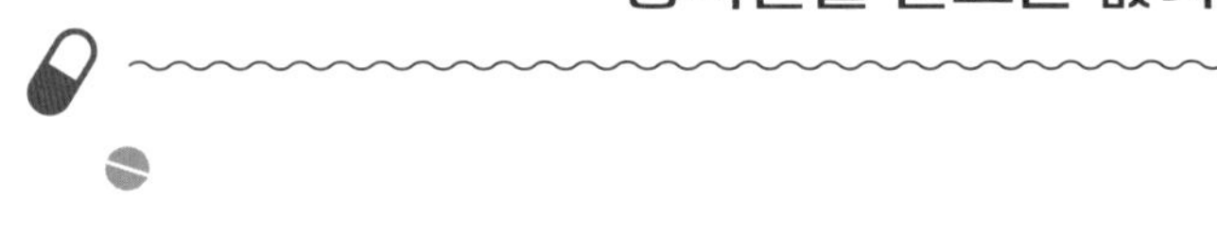

의사가 아이의 치료 방법을 설명할 때 부모에게 강경한 말투로 주의 사항을 말하는 일이 있을 수 있습니다. 하지만 그게 아니라 의사가 자신의 방침이나 원칙을 일방적으로 강요하는 것은 좋지 않다고 생각합니다.

한 어머니의 사례입니다. 아이는 계란을 먹어서 탈난 적이 한 번도 없었습니다. 그런데 딱 한 번, 밖에서 먹은 계란 음식이 잘못되어 알레르기 반응이 일어났습니다. 어머니는 아이를 안고 허겁지겁 대형 병원 응급실로 달려갔습니다. 담당 의사에게 한 마디도 하지 못한 채 "계란을 먹이니까 이렇게 됐지요!"라며 엄청 혼이 났다고 합니다. 지나치게 격앙된 의사의 태도에 부모는 자존심에 상처를 입었습니다. 의도적인 학대가 아니라면, 내 아이에게 해를 입히는 부모는 이 세상에 없습니다. 만일 의사의 태도가 부당하거나 심하게 느껴질 때는 '이 의사는 전혀 배려가 없군'이라 생각하고 가볍게 넘기시면 됩니다. 의사의 무심한 언행에 상처받지 마시길 바랍니다.

저를 돌아봤을 때 무심한 발언을 한 적은 없지만, 환자 가족과 문제가 생긴 적은 여러 번 있습니다. 곰곰이 돌이켜 보면 환자 가족에게 선입견을 가지거나 환자 가족을 비난하는 마음이 컸을 때 문제가 발생했습니다.

지역의 중간급 병원에서 근무했을 때의 일입니다. 실수로 담배를 삼켰다고 의심되는 1살 아이가 응급실에 왔습니다. 아이의 젊은 아버지가 빈 캔을 재떨이 대신 이용했는데 그 캔을 입에 댄 아이가 잘못해서 담배를 마셨을지도 모르는 상황이었습니다. 영유아에게는 담배 반 개 분량이면 치사량입니다. 그러나 담배에는 구토를 일으키는 성분이 있습니다. 담뱃잎을 삼켜도 토해 내기 쉽기 때문에 실제로 심각한 상태까지 가는 아이는 많지 않습니다.

하지만 이 아이같은 경우에는 담배 성분이 남은 액체에 녹아 있을 수도 있습니다. 그 액체를 아이가 마셨다면 고농도의 니코틴 성분이 체내로 단숨에 들어갈 수 있어 위험합니다. 그래서 어떤 식으로 얼마나 많은 양을 마셨을 가능성이 있는지 부모에게 자세한 이야기를 듣고 서둘러 판단해야 했습니다.

어머니는 긴장한 표정으로 새파랗게 질려 있었지만. 아버지는 술 냄새를 풍기며 웃고 있었습니다. 목숨이 위험할지도 모르는 아이를 앞에 두고 실실 웃는 아버지에게 화가 치밀어 올랐습니다. 저는 "아버님, 술 드셨군요!"라고 소리쳤습니다. 그 말을 듣자마자 아이의 아버지는 "네, 먹었습니다! 먹으면 안 됩니까?"라며 저에게 대들었습니다. 제가 불씨를 당기긴 했지만, 머릿속에서는 금세 경보장치가 울렸습니다.

'여기서 문제가 생기면 안 돼. 이 응급실에서 이 아이에게 필요한 조치를 취할 수 있는 건 나뿐이야'라고 생각을 바꿨습니다. 본심은 아니었지만 아버지에게 사과하고 기분을 달래드렸습니다. 오직 아이의 치료에만 최선을 다하고 싶었습니다.

위의 일은 의사로서 미숙했던 시절에 겪었던 강렬한 경험입니다. 자신의 정의를 내세우며 상대를 강하게 비난하면 당사자는 분노를 느끼거나 상처를 받기 마련입니다. 부모의 감정을 부정적인 방향으로 내모는 것은 아이의 치료를 위해서도 좋지 않습니다. 감정이나 말을 잘 다스리지 못하는 사람은 치료 종사자로서 미숙하다고 할 수 있습니다. 만일 의사나 간호사가 불쾌한 태도를 취하거나 부주의한 말을 쏟아 내더라도 '인간으로서든 전문가로서든 상당히 미숙하군!' 이라고 무시하고 기분을 바꾸는 편이 좋습니다.

그럼 다음 장에서는 피해갈 수 없는 주제인 예방 접종에 대해 이야기할까 합니다.

 **의사가 자신의 원칙을 강요하면 「프로로서 미숙하다」고 여기고 포기합시다**

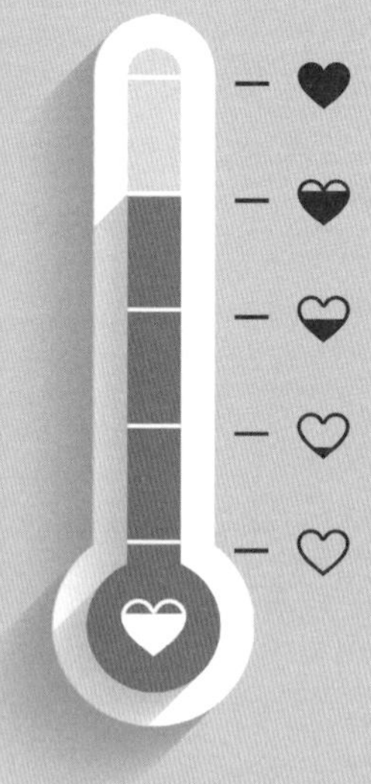

5장

백신은
어디까지나
「효과가 있으면
다행」

접종하는 게 당연하다?
접종해도 의미가 없다?

아기가 태어난 뒤 모유나 분유 수유가 안정적으로 이뤄지고 1개월 검진도 무사히 끝났다면 생각해야 할 것이 바로 예방 접종입니다.

일반적으로 예방 접종은 생후 2개월부터 시작합니다. 그리고 부작용 발생 위험을 줄이기 위해 임의 접종(2016년 8월 기준) 대상인 로타 바이러스 백신의 1차 접종은 가능한 빨리(생후 90일경까지) 하도록 권장하고 있습니다. 부모는 아이가 태어나고 얼마 지나지 않아 예방 접종에 관한 다양한 결정을 해야 합니다. 어느 의료 기관에서 예방 접종을 할 것인지, 로타 바이러스 백신은 접종할 것인지, 동시 접종은 어느 정도 할 지 등 다양한 결정 앞에 놓이게 됩니다. 그러나 이 책을 읽고 있는 부모는 고민하는 지점이 다를지도 모릅니다.

- 애당초 예방 접종이 필요한가?
- 동시 접종을 해도 괜찮은가?
- 내가 결정한 방침을 의사가 이해해주지 않으면 어쩌지?

혹시 이런 것들은 아닌가요?

저는 소아과 의사로서 예방 접종에 신중한 편입니다. 부작용에 대해 확실히 말씀드리고, 예방 접종에 대한 부모의 생각이나 결정을 존중하는 편입니다. "접종하는 게 당연하다"든가 "접종해도 의미가 없다"고는 하지 않습니다. 최종적인 결정은 어디까지나 부모님이 하는 것이기 때문입니다. 단, 로타 바이러스 백신을 접종할지는 빠르게 판단해야 하므로 예방 접종을 처음 하러 왔을 때 희망 여부를 물어봅니다. 간혹 로타 바이러스를 모르는 부모가 있으면 로타 바이러스 감염증(감염성 위장염의 일종)의 특징부터 말씀드립니다. 그리고 백신의 부작용인 장중적증(창자겹침증, 장의 일부가 중첩되어 중증화되면 장 조직이 괴사하는 병)에 대해서도 설명합니다. 이런 위험성을 알게 되면 겁이 나는지 로타 바이러스 백신에 대해 몰랐던 어머니들 중 백신 접종 희망자는 20%에 불과합니다.

요즘 부모들은 일찌감치 예방 접종에 대해 생각해야 할 뿐만 아니라, 고려해야 하는 백신의 숫자도 늘어나서 판단이 더 어려울 것 같습니다. 요 몇 년 사이에 큰 변화가 있었습니다. 3종 혼합 백신(디프테리아, 백일해, 파상풍을 예방하는 백신)과 생폴리오 백신(소아마비를 예방하는 백신)이 합쳐져 4종 혼합 백신으로 바뀌고, 히브 백신과 폐렴구균 백신은 정기 접종하게 되었습니다.

또 수두 백신과 B형 간염 백신도 정기 접종이 됩니다. 1948년 예방 접종법 제정 당시에는 일본 내에 각종 전염병이 유행하고 있었습니다. 그렇기 때문에 예방 주사를 맞지 않으면 벌칙이 동반되는 강제 접종 방식이었습니다. 1976년 예방 접종법이 개정되면서 의무 규정은 남았지만 벌칙 규정은 없어졌습니다. 그리고 1994년 개정으로 예방 접종은 권장대상이 되었습니다. '맞아야 한다'는 표현을 '맞도록 노력해야 한다'는 표현으로 바꾸어 '권장접종'이라는 용어가 나왔습니다. 이 같은 방향 전환으로 인해 예방 접종에 대한 개인의 의사 반영이 가능해졌습니다. 거꾸로 생각해 보면 부모의 책임이 무거워졌다고도 할 수 있습니다.

 **접종해도 위험성이 있고 접종하지 않아도 위험성은 있습니다**

예방 접종은 '가능성'에 대해서만 이야기할 수 있다

예방 접종을 설명할 때 어려운 점은 어디까지나 '가능성'에 대해서만 이야기할 수 있기 때문입니다. 각각의 백신이 가진 특징에 대해서는 지자체에서 설명 자료를 배포하고 있어서 의료 기관에서는 백신에 대해 많은 이야기를 하진 않습니다. 물론 환자의 부모가 물어보는 경우에는 대답해 드립니다. 백신을 접종했을 때 병을 몇 %나 예방할 수 있을지 정도만 이야기합니다.

더불어 백신의 부작용에 대해서도 미리 이야기합니

다. 예방 접종을 하지 않아 걸리는 병의 증상, 합병증, 중증화되었을 경우 겪게 될 후유증이나 사망률 등에 대해 설명하는 것입니다. 결국 접종을 하든 안 하든 '이런 경우가 나타날 확률은 몇%'인지, 혹은 '몇 십 만 명 중에 한 명'이라는 '가능성'에 대한 이야기밖에 할 수 없습니다. 아무리 가능성을 말해봤자, 실제로 심각한 부작용이 생겼을 때 그 아이나 가족의 입장에서 생각하면 '몇 십 만 명 중에 한 명'이 아니라 '1분의 1'인 셈입니다.

예방 접종에 대한 판단의 어려움과 답답함이 바로 그 점에 기인합니다.

그래도 소아과 의사들 중에는 예방 접종을 권장하는 사람들이 압도적으로 많습니다. 병에 걸렸을 때의 무서움을 잘 알거니와 예방할 수 있는 병은 예방하는 게 좋다고 생각하기 때문입니다.

좀 더 큰 시각에서 보면, 예방 접종은 공중 위생상, 경제 효율상 장점이 있기 때문에 나라에서 실시하는 것이

기도 합니다. 이런 이유로 예방 접종을 적극적으로 권
장하는 의사들은 '예방 접종을 하는 게 당연'하다고 생
각하여 예방 접종을 선택하지 않는 부모에게 심한 말
을 내뱉을 때가 있습니다.

 판단이 매우 어려운 것은 가능성을 저울질할 수밖에
없기 때문입니다

인터넷에 떠도는 정보는 편향되어 있다

인터넷에 떠도는 정보는 무수히 많습니다. 그중에는 신뢰성이 높은 정보도 있고 낮은 정보도 있습니다. 특히 예방 접종처럼 의견이 엇갈리는 것에 대해서는 판단하기 어려운 면이 있습니다. 저도 인터넷 검색을 통해 조사를 할 때가 있습니다. 전문가로서 쌓아온 기초 지식이 있어서 정보의 취사선택이 가능하기 때문입니다.

제 경험을 토대로 이야기하면, 백신에 관한 인터넷상의 정보는 상당히 편향되어 있습니다. 특히 '가급적 아이에게 백신을 맞히고 싶지 않으려는' 사람이라면 정보를 수집할 때 상당한 주의가 필요합니다. 백신의 위험성, 예방 접종의 필요성에 대해 검색하면 백신에 반대하는 내용이 주를 이룹니다. 인터넷에 떠도는 기사가 어떤 문헌에 의거했는지 주의해서 봐야합니다. 한두 권의 책, 검증되지 않은 몇몇 사람의 의견을 근거로 삼고 있는 경우가 적지 않습니다.

백신에 반대하는 사람들의 의견 중에서 가장 마음에 걸리는 것은 홍역이나 백일해 같은 병의 증상과 합병증을 가볍게 보고 있다는 점입니다. 천연두처럼 지구상에서 근절된 병이 아닌 이상 감염 가능성이 0%인 병은 없습니다. 백일해도 환자 수가 줄었지만 감염 가능성은 여전히 남아 있습니다(현재는 어른들 사이에서 환자가 증가하는 경향이 있다고 합니다). 유아기에 감염되면 숨이 멎을 것처럼 심한 기침 증상이 나타납니다. 병이 심해지는 영아기 초기를 지나도, 예방 접종을 하지 않거나 예방 접종이 충분하지 않으면 유아기에 감염되는 아이가 있습니다. 적절한 치료를 받지 않으면 100일동안 심한 기침이 이어져서 '백일해’라는 이름이 붙은 병입니다. 어른도 도저히 스스로 통제할 수 없는 기침 증상이 생깁니다. 구토를 할 정도로 기침이 납니다. 유아는 기침으로 며칠씩 잠들지 못할 수도 있습니다. 치료를 받을 때까지 기침을 통해 백일해균을 주위에 퍼뜨리게 됩니다. 예방 접종을 하지 않으면 경우에는 사랑스러운 아이가 매일 밤낮 심한 기침으로 고생할 가능성이 있다는 사실을 알아뒀으면 합니다.

홍역은 더욱 주의가 필요한 병입니다.

인터넷 블로그에 “어릴 적에 걸려서 가볍게 앓고 지나가는 게 좋다”고 쓴 어머니가 있었습니다. 이것은 큰 착각입니다. 홍역은 결코 가벼운 병이 아닙니다. 고열이 계속되고, 기침이 심하고, 전신에 빨간 발진이 나타납니다. 홍역 바이러스는 전염력이 강합니다. 대부분의 바이러스가 비말 감염(기침 등을 통해 타액에 포함된 바이러스가 날아가면서 걸리는 감염)으로 전염되는데, 홍역 바이러스는 공기 감염으로 전염됩니다. 따라서 의료 기관은 홍역 환자를 격리된 병실에 입원시킵니다.

저는 홍역 환자를 몇 명 진찰한 적이 있습니다. 환자들은 발열과 기침으로 인해 정말 괴로워 보였습니다. 체격이 큰 중학생 남자아이조차 열에 시달리고 기침을 하느라 비틀거렸습니다. 발진은 어찌나 심한지 얼핏 본 것만으로도 소름이 돋았던 기억이 있습니다.

제 지인은 예방 접종을 하지 않기로 하고, 자기 아들에게 홍역·풍진 혼합백신 1기를 맞히지 않았다고 합니다. 그 아들은 3세 때 홍역에 걸려 며칠씩 이어지는 고열에서 회복하자 이렇게 이야기했다고 합니다.

"나 죽는 줄 알았어."

제 지인은 그 말을 듣고 동생에게는 백신을 맞혔습니다. 홍역은 아이에게 죽음을 생각하게 할 정도로 심각한 병입니다.

각 가정마다 예방 접종에 대한 생각은 다릅니다. 꼭 예방 접종 시기가 아니더라도 영유아 검진이나 일반

진료를 받을 때 자기 의견을 억지로 밀어붙이지 않는 베테랑 소아과 의사와 함께 예방 접종에 대해 상담해 보시기 바랍니다.

 홍역이나 백일해 등을 가볍게 여기는 사람의 의견은 주의가 필요합니다

접종하지 않은 사실을 아이에게 전하라

병원에서 실시하는 영유아 검진이나, 지자체에서 하는 검진에서 가끔 예방 접종을 전혀 하지 않은 아이를 볼 수 있습니다. 지자체에서 하는 집단 검진에서는 한 사람 한 사람과 천천히 이야기할 시간이 없기 때문에 깊이 있는 질문을 하기는 어렵습니다. 한 번은 제 병원에 5개월 영유아 검진을 하러 오신 어머니와 여러 가지를 이야기하게 되었습니다. 전혀 예방 접종을 하지 않은 아이의 어머니였습니다.

앞에서 말한 것처럼 제 예방 접종 방침은 '부모의 의

견을 존중한다'는 것입니다. 이 어머니가 아이에게 예방 접종을 하지 않았을 때의 위험성에 대해 정확히 이해한 후에 선택한 것인지가 마음에 걸렸습니다. 어머니 입장에서는 아이의 발육과 발달에 대한 보증을 받으면 그걸로 끝이었을 것입니다. 제가 아이를 진찰하면서 예방 접종을 하지 않았을 때 생길 수 있는 위험성에 대해 이야기해도 귀를 기울이는 기색이 전혀 없었습니다.

구체적으로는 다음과 같은 이야기를 했습니다.

- 아기가 백일해에 걸리면 숨이 멎을 것처럼 기침을 한다. 유아나 초등학생이라도 백일해에 걸리면 심한 기침이 오랫동안 계속된다.
- 한 아이는 세균성 수막염에 걸려 3주간 입원했다. 다행히 후유증은 남지 않았다.
- 다른 아이는 결핵 예방 백신을 맞지 않고 결핵성 수막염에 걸렸는데 좀처럼 입원을 받아주는 곳이 없었고 결국엔 사망했다.
- 홍역에 걸리면 상당히 힘들다.

　처음부터 '백신은 하나도 맞히지 않는다'고 단정 지을 일이 아닙니다. 내 아이가 병에 걸려 심한 증상을 앓으면서 생사를 헤맬지도 모른다는 생각을 해 보았으면 합니다. 예방 접종을 하지 않으면 쓸데없는 것을 몸에 집어넣을 걱정도 없고, 심한 부작용이 나타날 걱정도 없습니다. 그러나 예방 접종을 하지 않아서 난청이 되거나, 손발이 마비되거나, 평생 누워만 있게 될 가능성도 있습니다. 병을 100% 예방할 수 있는 백신은 존재하지 않지만, 접종했을 때의 장점 역시 전부 부정할 수는 없습니다.

　가혹한 표현이지만, 예방 접종 여부는 아이의 평생을 좌우할 가능성이 있는 중대한 결정입니다. 일단은 좁은 시야에서 편향된 견해로 판단하지 말고, 가족끼리 잘 상담해서 결정하시길 바랍니다.

　'예방 접종은 하지 않겠다'거나 '몇 개만 맞히겠다'고 결정을 내릴 때의 주의 사항은 아직 더 있습니다. 백신을 접종하지 않은 사실을 확실히 내 아이에게 전달하는 것입니다. 예방 접종을 하지 않은 부모의 판단은 모자 수첩이든 어디든 알 수 있게 남겨 두시기 바랍니다. 그 결단은 어디까지나 부모의 결정이지 아이 본인의 결정이 아니기 때문입니다. 그리고 살면서 무슨 일이 생길지 알 수 없기 때문에 아이에 관한 소중한 정보를 아이가 알 수 있도록 확실히 남겨두어야 합니다.

현재 예방 접종 이력은 지자체별로 관리되고 있습니다. 살고 있는 지자체를 넘어선 이사나 예방 접종 수첩의 분실이 겹쳐지면 접종 이력을 파악하기 어려워지는 경우가 있습니다. 컴퓨터 데이터를 백업하듯이 아이의 예방 접종에 관한 정보는 어딘가에 써 두셔야합니다. 가령 종이에 써서 생명보험증이나 학자보험증을 보관하는 파일 등과 함께 넣어두는 것도 좋습니다.

또 일본 뇌염 예방 접종을 하지 않았다는 사실을 '본인에게 알려주라는 이야기'를 가장 많이 합니다. 일본 뇌염 백신은 중증의 부작용 가능성 때문에 2005년부터

4년 10개월 동안 '권장 보류' 상태였습니다. 이런 이유로 백신 사용이 권장된 이후에도, 다른 예방 접종에 비해 접종하지 않겠다는 부모들이 많습니다. 일본 뇌염 예방 접종은 비교적 열이 나는 부작용이 나타나기 쉬운 백신입니다. 뇌염 환자 수는 해마다 감소하여 1992년 이후에는 연간 10명 미만으로 추산되고 있습니다. 그럼에도 나라에서 정기 접종 대상으로 정해 접종을 권장하는 질병입니다. 사회적으로는 '맞는 게 당연'하다고 생각하는 사람이 많습니다. 국내외적으로 환자 발생 상황은 변하기 마련이고, 앞으로 아이가 어른이 되었을 때 일본 뇌염이 유행하는 해외 지역으로 갈 가능성도 있습니다. 아이에게 '너는 일본 뇌염 예방 접종을 하지 않았다'는 사실을 확실히 전달해 주시길 바랍니다.

 아이의 학자보험 파일 등에 메모를 끼워 두세요

독감 백신은
「효과가 있으면 다행」

백신 유효율은 어느 정도라고 생각하십니까? '80-90% 이상은 효과가 있겠지'라고 생각하시는 분도 계시지 않은가요? 홍역·풍진 혼합 백신이나 볼거리 백신은 각각 95% 이상, 90% 이상의 유효율을 보이지만, 독감 백신의 유효율은 낮습니다.

독감 예방 접종 효과를 조사하는 것은 대단히 어렵습니다. 해마다 유행하는 바이러스가 다르고, 백신의 구성이 다르고, 지역에 따라 유행 상황도 다르기 때문입니다. 문헌에 따르면 독감 백신의 유효율은 일본에서는 소아 25-60%, 성인 50-60%라고 합니다. 세계적으로도 이 수치는 연령이나 백신, 제조 방법 등에 따라 매년 0-100% 사이에서 오락가락합니다. 후생노동자 홈페이지에는 영유아의 경우 "대략 20-50%의 발병 방지 효과가 있다"고 되어 있습니다. 또 "영유아의 질병 심화 예방에 유효함을 시사하는 보고가 여기저기서 나온다"고 적혀 있습니다.

저희 병원에서도 매년 독감 예방 접종을 실시하고 있습니다. 실은 별로 하고 싶지는 않습니다. 왜냐하면 부모에게 설명하느라 이래저래 힘들기 때문입니다. 부모가 기대하는 독감 예방 수치와 실제 수치에는 상당한 격차가 있습니다. 1-2세 아이를 데리고 처음 독감 예방 접종을 하러 온 부모들에게서 흔히 볼 수 있는 일입니다. 영아나 1-2세 아이들 중 대다수는 지금까지 실제로 독감에 걸린 적이 없습니다(물론 이전 시즌의 유행 상황에 따라서도 달라집니다). 그 아이들은 독감 바이러스에 대한 몸의 면역 기억이 거의 없습니다. 이런 상태에서 몸속에 면역력을 주입하려고 해봤자 효과는 나타나지 않습니다. 어른의 독감 백신 유효율조차 50-60%에 그치는데, 면역력이 약한 태어난 지 얼마 안 된 아이는 유효율이 더 낮을 수밖에 없습니다.

저는 진찰실에서 부모에게 이렇게 말씀드립니다.

"영아의 경우, 발병을 막는 효과가 확실하지 않습니다. 병이 심해지는 것을 막기 위한 효과가 있을지도 모른다는 정도입니다. 아이가 보육원에 들어간 뒤 그때도 원하면 접종하겠습니다." "여러 가지 보고가 나오고 있지만, 1-2세 아이의 유효율은 대략 20% 정도로 추정됩니다. 쉽게 말해서 '효과가 있으면 다행'이라 할 정도입니다." 대부분의 부모들은 깜짝 놀랍니다. 제 이야기를 듣고도 괜찮다고 이해하면 접종해 드리고 있습니다.

이런 경우도 있었습니다. 저희 병원에 처음으로 7세 남자 아이가 독감 예방 접종을 하러 왔습니다. 어머님 이야기를 들어보니 다른 병원에서 접종을 할 때마다 접종 후에 팔 위쪽 전체가 부어오른다고 했습니다. 게다가 접종을 하고 나서도 독감에 걸리는 일이 수차례 있었다고 합니다. 의사들은 국소 부작용으로 접종 부위가 직경 7cm 이상 부으면 이상 반응이라고 판단합니다. 그 남자 아이의 팔이 매년 전체적으로 부어올랐다면 매년 이상 반응을 일으켰던 셈입니다.

일본에는 독감 약의 종류가 많습니다. 아이도 체력이나 면역 기능이 꽤 발달해 왔을 나이 대이기 때문에 저는 예방 접종을 하지 않는 것이 어떠냐고 제안했습니다. 어머니는 처음에 납득하지 못하는 모습이었지만, 30분 정도 말씀을 드리자 이해했습니다.

독감 예방 접종은 임의 접종입니다. 자비 진료 부류로 들어가기 때문에 접종하지 않는 한 돈을 받을 수 없습니다. 하지만 독감 백신에 대해 '효과가 있다', '맞기만 하면 안심이다'라는 식의 잘못된 믿음을 가진 사람이 많습니다. 이에 대해 제대로 알 수 있도록 설명하는 것도 소아과 의사의 역할이라고 생각합니다.

 **어린이의 독감 백신 유효율은 어른에 비해 훨씬 낮습니다**

홍역·풍진 혼합 백신은 접종하는 것이 좋다

예방 접종을 할지 안 할지는 부모가 결정하지만, 개인적으로 홍역·풍진 혼합 백신은 꼭 맞았으면 좋겠습니다. 앞서 말했지만, 홍역은 공기로 감염되어 전염력이 높고, 합병증 발생 빈도도 높은 병입니다. 풍진 역시 성인이 되고 난 후 걸리면 상당히 괴롭습니다. 또 여성이 임신 중에 풍진에 걸리면 아기에게 선천성 풍진 증후군(아이에게 다양한 기형을 낳는 선천성 이상증) 위험이 발생합니다.

홍역·풍진 혼합 백신은 2006년부터 제1기(1세), 제

2기(초등학교 취학 전 1년간) 정기 접종이 시작되었고, 2008년부터 5년 한정으로 제3기(중학교 1학년), 제4기(고등학교 3학년) 정기 접종도 실시되었습니다. 그 밖에도 다양한 대처가 이루어지면서 환자 수는 점점 감소하고 있습니다.

홍역·풍진 혼합 백신 접종률은 2013년도 제1기 때 95.5%, 제2기때 93.5%였던 적도 있어서 앞으로는 어린이 환자가 더욱 줄 것으로 예상됩니다. 이 백신을 맞지 않아도 어린 시절에는 홍역에 감염되지 않을 수 있습니다. 하지만 홍역 바이러스는 전염력이 높기 때문에 감염의 가능성은 항상 있고, 홍역 바이러스가 해외에서 국내로 들어올 가능성도 있습니다.

만약 접종을 하지 않아 중요한 수험 시즌이나 취업 활동 시즌에 홍역이나 풍진에 걸리게 된다면, 소중한 1년을 헛되이 보낼 가능성도 있습니다. 2008년 일본에서 홍역이 유행했을 때 중고등학교에서는 과도하다고도 여겨지는 반응을 보였습니다. 어느 학교 야구부의 이야기입니다.

이 학교와 외부 시합을 한 상대 야구부 학생 중에 홍역 환자가 발생했습니다. 해당 학교에서는 학교 부원을 대상으로 홍역·풍진 혼합 백신 접종 이력을 조사했습니다. 그러자 접종하지 않은 부원이 여러 명 있었습니다. 홍역에 감염되면 홍역 특유의 발진이 나타나지 않은 시기에도 기침에 의해 감염이 확대될 가능성이 있습니다. 이 때문에 야구부 활동은 한동안 중지되었고, 지구대회 출장도 중지했습니다.

일본 사회는 비교적 예민한 편입니다. 만에 하나 비슷한 일이 또 일어날 경우, 홍역·풍진 혼합 백신을 맞지 않은 여러분의 아이 때문에 소속된 팀이 중요한 대회에 나가지 못하게 될 수도 있습니다. 그렇게 되면 아이는 특별 활동을 계속할 수 없게 될지도 모릅니다. 이를 계기로 괴롭힘을 당하게 될 가능성도 있습니다.

지나친 생각일까요? 너무 협박처럼 느껴지시나요?

제가 이야기하고 싶은 것은 홍역이 매우 위험한 전염병이라는 것입니다. 사회적인 요소도 많이 얽혀 있는 병이라는 사실을 꼭 알아 두셨으면 좋겠습니다.

풍진은 남녀를 나누어 생각해 볼 수 있습니다. 예방 접종하지 않은 여자아이가 성인이 되어 임신을 했다고 가정해 봅시다. 정말 운이 없게도 임신 중 풍진에 걸려 태어난 아기가 선천성 풍진 증후군에 감염될 위험이 있습니다. 남자의 경우는 풍진에 걸렸는데 배우자가 풍진 항체 수치가 낮은 사람이라면 풍진이 옮을 수 있습니다.

저는 기본으로 홍역·풍진 혼합 백신은 정기 접종을 했으면 합니다. 설령 '우리 아이에게는 어느 예방 접종도 하지 않겠다'고 결심을 했더라도 홍역·풍진 혼합 백신만큼은 맞히는 쪽으로 검토하길 바랍니다.

예방 접종을 하지 않을 생각이더라도 홍역·풍진 혼합 백신 만큼은 반드시 맞히자!

의사는 자기 아이에게
백신을 접종시킬까?

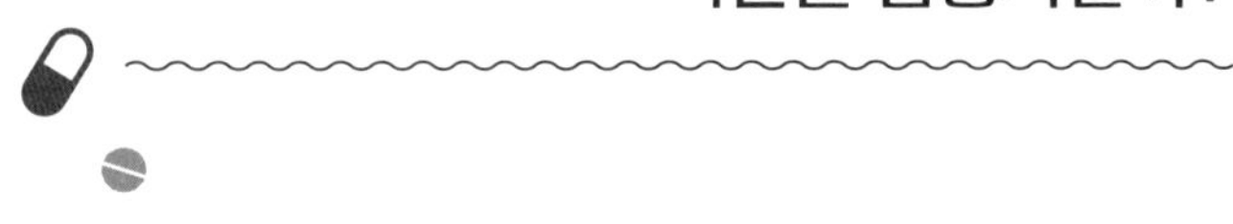

예방 접종에 대해 이야기가 통할 것 같은 의사를 만났습니다. 그 의사의 진심을 알아보는 데 효과적인 질문이 있습니다. "선생님 아이라면 어떻게 하실 겁니까?"입니다.

의사도 사람입니다. 내 아이가 무엇보다 소중하고 제일 귀엽다고 생각합니다.

자기가 가진 지식과 경험을 총동원해서 아이에 대해 생각하고, 틀림없이 최선이라고 생각하는 결단을 내릴 것입니다.

그렇기 때문에 위의 질문을 통해 진심을 알아낼 수 있는 것입니다.

실제로 부모들로부터 받으면 저로서는 곤란한 질문들 중 하나입니다.

왜냐하면 대답하자니 이야기가 길어지기 때문입니다. 저는 웬만하면 아이들이 보육원을 빠지게 하고 싶지 않은 마음에 접종을 시키기도 했습니다. 저희 아이들은 불활화 폴리오 백신, 4종 혼합 백신, 히브 백신, 폐렴구균 백신, 로타 바이러스 백신이 도입되기 전에 영아기가 지나가 버렸습니다. 그래서 질문을 받았을 때 절실하게 생각할 수 없는 백신도 많이 있습니다. 당시 제 아이들에게는 BCG 백신, 3종 혼합 백신, 생폴리오 백신, 홍역 · 풍진 혼합 백신, 수두와 볼거리 백신은 한 번씩만 맞혔습니다.

부끄러운 일이지만 일본 뇌염 백신에 대해서는 아직 망설이고 있습니다. 제가 바쁜 나머지 나중으로 미루느라 접종하지 않았습니다.

최근 도입된, 혹은 앞으로 정기 접종 대상으로 지정될

백신에 대해서도 개인적인 의견을 말씀드리겠습니다.

로타 바이러스 백신은 임의 접종 대상이니 제 아이라면 맞히지 않을 것 같습니다.

4종 혼합 백신은 아무래도 백일해가 마음에 걸리기 때문에 맞힐 것입니다.

히브, 폐렴 구균 백신은 원래 흔한 균이라서 고민스러운 부분입니다.

2016년 10월부터 정기 접종이 필요한 질병으로 지정된 B형 폐렴은 보육원에서 집단생활을 하기 때문에 무슨 일이 생길지 몰라 맞히겠습니다.

사실 이 책을 쓸 때 예방 접종에 대해서는 쓰고 싶지 않았습니다.

왜냐하면 '백신 접종을 옹호'하는 소아과 의사가 대다수인 데 반해 저는 신중하게 생각하는 편에 속하기 때문입니다. 더불어 부모의 의견을 너무 많이 듣는 경향이 있기도 합니다.

그러나 다양한 가치관 속에서 내 아이의 예방 접종을 어떻게 하면 좋을지 고민하는 부모들의 판단에 도움이 되면 좋겠다는 생각으로 진심을 말씀드렸습니다. 마지막 장에서는 그런 부모들에게 '아이를 믿고 지킬 수 있는 부모가 되기 위해서는?'이라는 주제로 말씀을 드리고자 합니다.

 "선생님 아이라면 어떻게 하시겠어요?"라고 백신에 관한 의사의 진심을 물어보세요

6장

아이를 믿고 지킬 수 있는 부모가 되자

부모는 아이의
대변인이자 대리인이다

오랫동안 '태내 기억 조사'에 관여한 산부인과 의사 이케가와 아키라池川明 씨는 "아이는 부모를 골라 태어난다"고 말했습니다. 제 딸도 그런 비슷한 말을 한 적이 있습니다. "하늘에서 엄마를 봤다"는 것입니다. 딸이 태어나기 전의 기억이 올바르다고 고스란히 받아들이지는 못하겠습니다. 그래도 저로서는 '그럴 수도 있겠지' 싶어 우리 부부에게 와준 아이들을 대단히 고마운 존재로 생각하고 있습니다.

부모는 아이의 대변인이자 대리인입니다. 어른에게

도 자신의 증상을 정확하게 표현하려면 기술이 필요합니다. 예를 들어 두통을 설명한다면 "피로가 쌓이면 머리 앞 쪽에서부터 관자놀이까지 욱신거린다"고 구체적으로 표현해야 합니다. 어린이 같은 경우에는 말로 증상을 표현하는 게 더욱더 어렵습니다. 유아들은 머리가 아픈데 배가 아프다고 말하는 경우도 있습니다. 배가 아픈 경우라도 "배꼽 왼쪽 아래 부분이 콕콕 쑤시며 아프다"고 정확하게 표현하는 아이는 없습니다.

평소 아이와 머리를 맞대고 있는 부모라면 아이를 잘 관찰해서 증상에 대해 판단을 할 수 있습니다. 예를 들어 가끔 "배가 아프다"며 손으로 배를 가볍게 만지는 아이가 있습니다. 대변을 본 후에는 후련한 얼굴로 '아프다'고 하지 않습니다. 그 아이가 또 복통을 호소하기 시작했습니다. 그런데 이번에는 배를 움켜쥐고 누워서 몸을 좌우로 돌려가며 안절부절못합니다. 몹시 괴로운 표정으로 신음까지 내고 있습니다. 이런 증상을 잘 살펴보면 아이가 평소와는 틀림없이 다르다는 것을 알 수 있습니다. 진찰을 할 때도 평소와 어떻게 다른지가 대단히 중요한 정보 역할을 합니다. 반드시 아이의 증상을 잘 관찰하여 의사에게 말씀해 주셔야 합니다.

아기가 '어쩐지 평소보다 힘이 없어' 보일 때가 있을 겁니다. 부모에게 있어 '어쩐지'라는 감각도 중요합니다. 더불어 진찰받을 때 반드시 '평소에는 옆으로 안아 조금 흔들면 울음을 그치는데 좀처럼 울음을 그치지 않는다', '이틀째 평소보다 젖을 빠는 힘이 좋지 않은 상태다' 등의 구체적인 사실을 말씀해 주시길 바랍니다. 아기의 상태를 파악하는 데 중요한 정보일 뿐만 아니라, 진단의 실마리가 될 수 있습니다.

아무리 의사가 정성을 다해도, 진찰실 안에 있는 시간은 한정되어 있습니다. 반드시 자택에서 본 아이의 상태를 자세하게 말씀해주셨으면 좋겠습니다. 아이를 대신하여 정확하게 증상을 전해야 적절한 진찰을 할 수 있습니다. 부모 입장에서 어렵게 느껴질지 모르지만, 아이를 잘 살피기만 해도 진찰에 큰 도움이 됩니다. 혹여나 부모가 준 소중한 정보를 의사나 간호사가 받아들이지 않는다면 그 의료 기관은 소아과로서 부적절합니다. 잘 고민해서 다른 곳을 찾아보시길 바랍니다.

피부가 예민해서 환절기에 상태가 악화되거나 계절에 따라 증상이 나타나는 경우, 터울이 얼마 나지 않는 형제자매가 있어 어느 아이가 어떤 병에 걸렸는지 헷갈리는 경우, 수첩이나 달력에 아이의 증상 및 진찰 사실을 적어두는 것이 좋습니다. 수첩이나 달력에 기록하면 "작년, 재작년 모두 10월부터 11월에 걸쳐 심한 기침이 이어진 적이 있었다. 거칠게 피부가 일어나는 것은 11월부터이고, 땀띠가 나는 것은 장마가 끝나기 전이다" 등과 같이 연 단위로 증상을 파악할 수 있습니다.

기록으로 아이의 몸 변화나 특징을 파악해두면 '가을에 특히 수면을 취할 수 있도록 주의하자. 겨울에는 일찍이 크림 보습제를 준비해서 바르자'는 식의 빠른 준비와 대처가 가능합니다. 몇 년씩 육아일기를 쓰는 것은 쉽지 않습니다. 하지만 나에게 맞는 쉽고 간편한 방법으로 기록해두면 분명히 아이 건강에 도움이 될 것입니다.

'어쩐지 평소 모습과 다르다'는 느낌을 소중히 간직하세요

자신의 선택에
자신감을 갖자

우리는 매일 정보의 홍수에 노출되어 있습니다. 앞장에서도 말했듯이 인터넷에 쏟아지는 정보는 "옥석혼효玉石混淆"입니다. 출처가 확실하고 유용한 정보가 있는가 하면, 그렇지 않은 정보도 있습니다. Q&A 사이트에서 베스트 답변으로 선정된 댓글은 어느 정도 균형 잡힌 듯 보입니다. 그러나 육아 관련 Q&A 사이트에 달린 댓글은 의문스러운 점이 적지 않습니다. 어머니들 대부분이 본인의 육아 체험을 바탕으로 댓글을 남기기 때문에 객관성이 떨어지는 부분이 있습니다.

평소 책을 많이 읽거나, 인터넷에서도 다양한 사람의 의견을 듣는 사람은 모든 일에 다양한 측면이 있다고 이해합니다. 한쪽의 견해가 다가 아니라는 점, 한 가지 사실을 두고도 사람에 따라 선택이 갈린다는 점을 잊지 말았으면 좋겠습니다. 의료 영역에서도 수년 전에는 당연하게 여겨졌던 이야기에 대한 인식이 이제 와서는 많이 달라지는 경우가 적지 않습니다.

그렇다면 소중한 아이를 위해 어떤 정보를 받아들이고 어떤 정보를 흘려들어야 할까요? 우선은 신뢰할 수 있는 소아과 전문의, 지방자치단체 소속(지역) 보건사, 소아과 경험이 풍부한 간호사의 견해를 주로 받아들이는 게 좋습니다. 아이의 몸에 관한 전문가 의견을 듣고, 이를 바탕으로 인터넷에 떠도는 정보를 참고하면 보다 신뢰성 있는 정보를 얻으실 수 있습니다. 육아서나 육아 잡지 역시 현 시대에 활동하는 전문가와 편집자의 여과를 거친 지식이므로 참고할 수 있을 겁니다. 단, 옛날부터 이어져 내려온 양서가 아니라면 오래된 책을 추천하고 싶지 않습니다. 육아 상식도

시대와 함께 변하기 때문입니다.

예를 들어 예전에는 1세 정도면 모유를 끊는 게 좋다고 해서 모자 수첩에도 "단유했습니다"라고 적었습니다. 그러나 최근에는 어머니와 아기의 상태에 맞추면 된다는 생각이 자리 잡으면서 '단유'라는 말이 사라졌습니다. 일광욕의 경우에도 예전에는 자외선이 미치는 악영향을 의식하지 못했습니다. 생후 1개월이 지나면 조금씩 일광욕을 해도 된다고 적었습니다. 하지만 지금은 '일광욕' 기재 사항도 사라졌습니다.

한 가지 더 말하자면 아이 친구 엄마들의 이야기 역시 반은커녕 별로 듣지 않는 게 좋습니다. 어느 의료 기관이 좋은지에 대한 정보만 얻으면 충분합니다. 아이 몸에 대한 이야기는 그다지 참고할 필요가 없습니다. 피부가 건조해서 습진 증상이 있는 아이를 두고, 아기 친구 엄마들이 "그거 아토피야. 우리 애는 아토피라고 하더라고. 검사해 보는 게 좋아"라는 식으로 아기 어머니에게 불안감만 조성하는 경우가 종종 있습니다.

아기 친구 엄마들로서는 도와주고 싶은 마음에 하는 충고일지 모르지만, 우리 전문가들 눈으로 보면 빗나간 충고일 때가 많습니다.

매일 아이를 지켜보면서 정보의 안테나를 세워 스스로의 머리로 생각하면 잘못된 방법은 떠오르지 않습니다. 오히려 편향된 정보만 받아들이거나, 정보의 파도에 휩쓸리지 않도록 주의해야 합니다.

내 아이의 사소한 증상에 지나치게 얽매인 나머지 불안에 시달리다가 정작 아이는 뒷전에 두고 스마트폰이나 컴퓨터를 보고 있지는 않습니까?

이 책을 읽는 여러분은 틀림없이 아이를 소중하게 여기는 성실한 부모일 것입니다. 자신의 생각과 판단에 자신감을 가졌으면 좋겠습니다.

 **다른 사람의 의견에 휘둘리지 말고 여러분의 판단에 자신감을 가지세요**

육아 방침을 두고 생기는 조부모와의 견해 차이는 어떻게 극복할까?

부모가 '이렇게 아이를 키우고 싶다', '이렇게 의료 기관을 이용하고 싶다'는 확고한 의지를 가져도 아이의 할아버지·할머니나 아이의 친한 친구 엄마들이 이해해 주지 않는 경우가 있습니다. 아이 친구 엄마들에게는 내 맘이라며 자신의 방식을 관철시킬 수 있지만, 할머니 의견은 무시하기 어려울지 모릅니다. 수십 년이 지난 옛날 일이지만 할머니는 아이를 키워 낸 경험이 풍부합니다. 육아 경험에 대한 자신감을 가지고 있기 때문에 '이렇게 하는 게 좋아', '이렇게 해야 돼'라는 생각을 강하게 주장할 때가 있습니다.

옛날과 비교해 육아나 홈 케어 상식이 다를 때 어떻게 이야기하면 좋을지 고민하는 경우도 있을 수 있습니다. 그럴 때는 이 책이나 육아서를 활용해 "지금은 이런 경향인 것 같으니 이렇게 할까 해"라고 설득하면 좋습니다. 신뢰할 수 있는 단골 의사를 찾았다면, 진찰할 때 동의를 얻어 "의사 선생님도 이렇게 말했다니까"라고 말해 보는 것도 방법입니다.

단, 육아에 있어 꼭 지키고 싶은 방침 외의 사항에 대해서는 가족이나 친척 간의 화목한 관계를 유지하기 위해 상대방의 의견을 받아들일 필요도 있습니다. 사소한 일이지만 저는 되도록 우리 쌍둥이가 아기 때부터 베이비 머그(좌수에 손잡이가 달린 용기)에 익숙해져서 스스로 우유나 보리차를 마시면 좋을 거라고 생각했었습니다. 단계별 베이비 머그 세트도 다 갖추고 있었습니다. 하지만 시어머니가 머그 쓰는 걸 좋아하지 않으셔서 실천하지 못했습니다. 시어머니께서 "이런 걸 뭘 하러 쓰니", "소독하기 귀찮잖아"라고 말씀하셔서 결국 우리 집 쌍둥이는 젖병 하나도 쓰지 못했습니다. 그래도 지금은 좋은 추억입니다.

아이의 할아버지·할머니는 여러분이 부모로서 얼마나 굳은 각오를 하고 있는지를 보는 것 같습니다.

첫 아이의 경우 신참 엄마 아빠는 모르는 것이 많을 수밖에 없습니다. 그래도 아이와 머리를 맞대고 부부가 서로 도우며 노력하는 모습을 보이면, 부모님께서도 반드시 응원해주실 것입니다.

 아이를 소중히 여기는 마음은 하나이니 여러분이 부모로서의 각오를 보이면 부모님도 응원해 줄 것입니다

아이를 「한 사람의 인간」으로 인정한다

100점 만점짜리 의사가 없는 것처럼, 100점 만점짜리 육아도 없습니다.

부모가 아이 인생에 지대한 영향을 끼침에도, 부모는 '이래도 될까?' 하고 망설이면서 아이를 키워 나가야 합니다. 그런 어려운 점도 있지만 아이는 부모에게 그 이상의 둘도 없는 선물을 줍니다.

소아과 의사로서 수많은 부모를 만나다 보면 육아에서 가장 중요한 점들이 있습니다.

- 아이를 한 사람의 인간으로 인정하고 함께 살아가는 자세.

- 아이가 「나는 사랑받고 있다」고 실감하게 하는 것.

육아에서 가장 중요한 점은 이 두 가지가 아닐까 합니다.

이 두 가지만 확보한다면, 나머지는 어떻게 변주되든 괜찮지 않을까요?

아마도 당신의 아이는 당신을 선택해서 태어났을지 모릅니다. 대단히 깊은 인연이 있어 가족이 되었을 것입니다. 아이가 성장해서 독립할 때까지 인생을 함께하는 것이지, 부모가 아이를 통제할 수 있는 건 아닙니다. 그런 통제는 여러모로 좋지 않습니다. 시선과 스킨십을 통해 아이에게 "너는 둘도 없이 소중한 존재야", "너와 함께 있는 것만으로도 행복해"라는 말을 계속 전해주시기 바랍니다. 이 책을 읽는 여러분은 지극히 성실한 부모일 겁니다. 때때로 아이와 눈높이를 맞춰 동심으로 돌아가길 바랍니다. 행복한 일상이 기다리고 있을 겁니다.

아이의 성장 과정에서 아이를 칭찬해야 할 때가 있습니다. 그러나 자칫 행동에 대한 인정이나, 결과에 대한 칭찬만을 하기 쉽습니다. 예를 들어 "친구랑 사이좋게 지내다니 대견하네", "달리기를 열심히 하다니 대단하네", "숙제를 빨리 마치다니 대단하네", "백점을 받다니 대견하네" 등과 같이 꼭 무엇을 하거나 이루어야 칭찬을 합니다. 물론 그런 칭찬이나 인정도 중요합니다. 그러나 때로는 태어나줘서 고맙다고 아무 이유 없이 건네는 칭찬이 더 중요합니다. 아이가 들을 수 있게 "○○랑 함께 있을 수 있어서 정말 행복하다"고 속삭이는 것도 좋은 칭찬 방법입니다. 자기 긍정감(나는 사랑받기에 충분한 존재라는 실감)이 확실한 아이는 주변 사람에게도 사랑을 받습니다. 아이 자신뿐만 아니라 주변 사람들의 존재를 더 소중하게 여기고, 사랑이 넘치는 아이로 자랄 가능성이 높습니다. 사랑이 넘치는 아이, 어쩌면 그것이 부모가 아이에게 줄 수 있는 인생 최대의 선물이 아닐까요?

저는 육아에서 중요한 것은 시간이 아니라 밀도라고

생각합니다. 여러분이 회사일과 집안일로 바빠 아이와 긴 시간을 보낼 수 없어도, 아이와 함께 있는 시간에 온 힘을 다해 밀도 있게 집중할 수 있다면 그것으로 충분하다고 생각합니다.

아이는 사회의 보물입니다.

육아가 쉬운 일은 아니지만, 여러분은 혼자가 아닙니다. 여러분 편이 되어주는 사람이 주변에 많이 있습니다. 그리고 매일 육아와 집안일, 또 회사일로 바쁘더라도 먼저 여러분 자신을 소중히 여기시길 바랍니다. 마지막으로 여러분과 여러분의 소중한 아이에게 이 책이 조금이라도 도움이 되면 좋겠습니다.

「태어나줘서 고마워」라는 마음을 아이에게 전해 줍시다

이 책을 읽어 주서서 감사합니다.

여러분은 오늘도 소중한 아이를 위해 육아와 집안일, 회사일로 숨 가쁜 하루를 보내고 계실 것입니다. 본문에서 '아이 스스로가 나는 소중한 존재야, 사랑받고 있어'라고 느끼게 하는 육아를 하자고 했는데, 마지막으로 한 가지 덧붙이고 싶습니다. 아이를 소중히 여기며 키우고 있는 여러분도 훌륭한 존재입니다. 제가 좋아하는 TV 프로그램 중에 NHK의 「패밀리 히스토리」가 있습니다. 저명인의 부모, 조부모, 선조에 대해 취재를 하거나 조사를 하는 프로그램인데, 시청하다 보면 모든 사람이 파란만장한 인생을 살고 있다는 사실을 알 수 있습니다.

이 세상에는 다양한 인생이 있습니다. 그 다양한 인생들이 생명의 배턴을 놓지 않고 건네고 건네면서 달려왔습니다. 여러분에게도 배턴을 건네는 상대(아이)가 와 주었습니다. 아이가 그 배턴을 꼭 쥐고 혼자서 달리기 시작하려고 합니다. 아이가 여러분 곁을 떠나갈 때까지 여러분은 아이와 함께 달리고 노력해야 합니다. 아이에게도 칭찬과 격려를 아끼지 말아야 하지만 부디 멋진 자신에게도 칭찬의 말을 아끼지 말았으면 좋겠습니다.

아이가 자기 긍정감을 키울 수 있다면 각 가정마다 다른 방식의 육아를 해도 괜찮다고 생각합니다. 저는 쭉 맞벌이를 하는 집의 아이로 태어나 어렸을 때부터 보육원에 다녔습니다. 하지만 자기 일에 자부심을 갖고 열심히 일하는 부모님의 모습을 보면서 외로움을 느끼거나 부모님의 애정을 의심한 적은 없습니다. 육아에서 중요한 것은 시간이 아니라 밀도라고 했습니다. 부모님은 저와 보내는 짧은 시간 속에서도 제 이야기를 똑똑히 들어 주고, 저를 상냥하고 너그러운 시선으로 바라봐 줬습니다. 그 때문인지 단 한 번도 부보님의 애정을 의심한 적이 없이, 자기 긍정감 높은 사람으로 성장했습니다.

부모님은 말과 행동을 통해 '너는 소중한 존재'라는 점을 확인시켜 주셨습니다. 칭찬도 많이 해주었습니다. 부모님은 어렸을 때부터 저를 한 사람의 인간으로 대해 주셨기 때문에 저는 사람을 좋아하게 되었습니다. 사람들을 많이 만날 수 있고, 사람들에게 도움이 되는 직업을 골랐습니다. 그리고 저에게도 두 명의 아이가 와 주었습니다. 실제로 제 어머니와 저는 어머니나 주부로서 비슷한 점도 있지만 다른 점도 있습니다. 제가 아무래도 미흡한 점이 많습니다. 하지만 그건 그것대로 괜찮지 않을까 싶습니다. 아마 아이들은 우리를 선택해서 우리 부부 곁에 왔을 것이기 때문입니다. 그 사실에 감사하며 우리는 우리답게 육아를 하면 되는 게 아닐까 하는 생각입니다.

부디 여러분도 여러분답게 육아를 즐기시길 바랍니다. 때로는 잠시 한숨 돌릴 시간도 필요하다는 점도 잊지 마시길 바랍니다. 여러분의 미소가 아이와 가정을 미소 짓게 하는 근본이 되기 때문입니다. 가끔은 "가족 모두를 위해 한숨 돌리고 올게요. 하고 싶은 것을 하고 오겠습니다"라며 자기만의 휴식 시간을 꼭 가지시길 바랍니다.

이 책에서는 약이나 백신, 좋은 의사와 나쁜 의사 등 다양한 주제에 대해 제 진심을 털어 놓았습니다. 의사로서 과연 이런 것까지 말해도 될는지 매우 고민하면서 말입니다. 그래도 이 나라에 행복한 부모·자식과 건강하게 자라는 아이들이 지금보다 더 늘어났으면 좋겠다는 바람이 저에게 힘을 주었습니다.

육아 동지인 당신에게 진심 어린 응원을 보냅니다.

도리우미 가요코 鳥海佳代子

소아과 의사는
자기 아이에게
약을 먹이지 않는다

한 소아과 의사 엄마의 양심 고백

초판 1쇄 인쇄 2018년 1월 26일
초판 1쇄 발행 2018년 2월 05일

지은이 도리우미 가요코(鳥海佳代子)
옮긴이 채숙향
펴낸이 김장근
기획 마케팅 Eshonkulov Parviz
편집 유진
디자인 강수진
온라인 마케팅 임혜정
인쇄 지에스테크
펴낸곳 (주)엠디 인사이트(도서출판 일요일)

출판등록 제 2016-000111 호
주소 서울시 서초동 서초중앙로 18길 35 C&C 빌딩 4층 402호 (서초동)
전화 02-6959-4080 **팩스** 02-6959-4088
블로그 blog.naver.com/ilyoilbooks **페이스북** www.facebook.com/ilyoilbooks
이메일 ilyoilbooks@naver.com

값 13,000원
ISBN 979-11-959483-3-8 13590

잘못된 책은 구입하신 곳에서 바꿔드립니다.
이 책의 판권은 지은이와 (주)엠디 인사이트에 있습니다.
이 책 내용의 전부 또는 일부를 재사용하려면 반드시 양측의 서면 동의를 받아야 합니다

「이 도서의 국립중앙도서관 출판예정도서목록(CIP)은 서지정보유통지원시스템
홈페이지(http://seoji.nl.go.kr)와 국가자료종합목록시스템(http://www.nl.go.kr/kolisnet)
에서 이용하실 수 있습니다.(CIP제어번호: CIP2018002001)」